物理世界访问记

3

管寿沧 ◎ 编著

电子工业出版社

Publishing House of Electronics Industry

北京·BEIJING

图书在版编目（CIP）数据

物理世界访问记 . 3 / 管寿沧编著 . -- 北京 : 电子

工业出版社 , 2024. 8. -- ISBN 978-7-121-48270-0

Ⅰ . O4-49

中国国家版本馆 CIP 数据核字第 2024T0B327 号

责任编辑：孙清先

印　　刷：河北迅捷佳彩印刷有限公司

装　　订：河北迅捷佳彩印刷有限公司

出版发行：电子工业出版社

　　　　　北京市海淀区万寿路 173 信箱　　邮编：100036

开　　本：720×1000　　1/16　　印张：8　　字数：204 千字

版　　次：2024 年 8 月第 1 版

印　　次：2024 年 8 月第 1 次印刷

定　　价：39.80 元

凡所购买电子工业出版社图书有缺损问题，请向购买书店调换。若书店售缺，请与本社发行部联系，联系及邮购电话：（010）88254888，88258888。

质量投诉请发邮件至 zlts@phei.com.cn，盗版侵权举报请发邮件至 dbqq@phei.com.cn。

本书咨询联系方式：（010）88254509，monkey-sun@phei.com.cn。

序

他对我说，这本书稿写完了，想让我写序。

我没有回答他，我想先好好地读一读他写的文稿，再说。

这段时间，我仔细、反复地阅读了这本书的书稿，觉得书稿还是有点意思的，有些地方还有点儿看头。我把书稿中的有些内容断断续续地读给我的小外孙听，我发现他很爱听书稿中人物的故事。他听的时候，不但获得了不少知识，还常常会提出一些有意思的问题。

读着，讲着，问着，答着……

我的脑海中陆陆续续地涌现出一段段的文字，大致整理一下，写在下面，作为序。

这本书稿讲述了在 100 年后，师生三人乘坐一架时间机器去采访物理世界三十几位主创人员的经历。

读一读这本书的文字，可以把你载到你无法到达的过去，让你大致了解一些物理学家的工作成就与人生经历；可以让你畅想一下，在他们生活的那个时代，他们在想什么，又在做什么。这也许会让你看到别样的人生与丰富的世界，也可能会让你看到一条路，让你走到更远的地方。

在反复阅读这些文字后，我仿佛看到这个世界像是一座偌大的山林，这里丛林密布，林木幽深；山峦重叠，峰岭逶迤。采访的文字像是林中流过的溪水、山间飘过的白云。流过、飘过，却不会留下什么痕迹，更说不上会结出什么果实，但它们却在无意间，滋润了大地，美化了天空。

这些文字流到丛林的远处，林中一定会萌发出许多新芽；

这些文字飘到山峰的顶上，天空一定会呈现更多的色彩。

2023 年 12 月 23 日

前　言

本书说的是师生三人乘坐一架"能回到过去的时间机器"，飞到过去的物理世界，有目的地探访物理世界里的顶级人物。

参与这次活动的有 P、H、W 三个人，他们是 22 世纪中国某所高校的师生，三个人的情况大致如下：

P 学生，非常热爱物理学，善于思考，喜欢提问，对物理学家的访问是以他的提问而展开的。

H 学生，对物理学的历史有着较为深入的了解，对每位被访问者的情况也有较深入的了解，因此，他总会在访问前，对被访问者进行介绍。

W 教授，具有几十年物理教学的经验，了解物理学的历史，熟谙物理学的基础知识。他会对每次访问后的情况进行补充或归纳，并分享一些个人看法。

他们乘坐的交通工具是一架斯托库姆时间机器（简称 F 机），是一架造型奇特的时间机器。它在一维的时间中飞行，每小时可向过去飞行约一个世纪。F 机内还铺设了一套设备，利用已建立的地球互联网，能够与过去在地球上出现过的人及相关机构发生联系，传递信息，确定访问他们的内容、时间与地点。

我们为什么称这个机器为 F 机呢？

1937 年，荷兰物理学家斯托库姆发现了爱因斯坦方程的一个解，它可以实现从现在到过去的时间旅行。1949 年，美国籍奥地利裔数理逻辑学家哥德尔发现了一个更奇怪的爱因斯坦方程解，证实了斯托库姆的看法，并指出若一位旅行者拥有一架 F 机，就可以在时间中旅行，与这个世界里已经逝去的人与事相遇。

到了 22 世纪，宇宙中某星球上的公司，专门制造 F 机。

书中的三位访问者使用地球互联网，从这个公司租赁到一架 F 机，专门乘坐它回到过去，对 20 世纪之前主要的科学家，尤其是物理学家进行访问。他们计划用一年的时间完成这项任务。

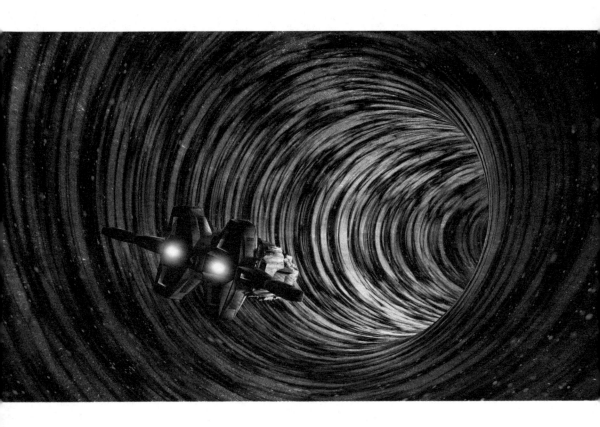

在人类文明的天幕上，物理学的星空分外耀眼，这里的星辰不仅在那个时代熠熠生辉，更为后来人指引了方向。这些耀眼的星辰就是我们要访问的对象，他们以非凡的勇气和智慧，推动了科学的发展，带来了今天的人类文明。

如果你能读到这本书，书中的文字会让你仿佛也参与了这次旷世未闻的访谈，见到发现这个世界运行规律的主要物理学家，聆听他们讲述自己创业的故事。阅读书中的内容，可以让你从科学、历史、社会等方面大致了解他们发现这个世界运行规律的过程和他们的主要成就，也可以让你从科学家的行为和思想中领悟他们的生命价值，还可以让你领悟到他们不断攀登和积极进取的精神世界，看到人类智力活动的升华过程。这些闪光的东西，也许就会激发你对这个世界的兴趣，从而引导你走进这个世界，走向思维深处，对这个世界进行更认真的思考。

2023 年 10 月 23 日

目　录

量子论

原子理论

👤 **采访对象：**德谟克利特

🕐 **采访时间：**公元前 390 年 春

📍 **采访地点：**阿布德拉

我们飞行的目的地是古希腊东北部色雷斯的海岸城市阿布德拉，阿布德拉是当时古希腊的大商埠，海外贸易十分发达，云集着来自世界各地的商人。时间是公元前 4 世纪，这是一次长途旅行，F 机需要飞行二十多个小时。

在 F 机上，除了吃饭、休息，大家都忙着看资料，有的人在为这次采访做准备，还有的人在忙着别的任务。大家都有事情要做，没有一个人闲着。

介绍这次采访对象背景材料的仍然是 H 学生，时间定在晚餐后 7 点。

晚 7 点，H 学生准时开始了他的介绍。他说：

"我们这次采访的对象德谟克利特，是古希腊的哲学家，大学者，原子论学说的创始人之一。

"德谟克利特约于公元前 460 年出生在古希腊东北方的工业城市阿布德拉的一个富商之家。阿布德拉是一个繁华的城市，经济发达，文化丰富，也是我们明天要去的城市。德谟克利特生长在

古希腊奴隶制社会最兴旺、科学学术活动欣欣向荣的时代。

"德谟克利特从小就见多识广。小时候，他做过波斯术士和星象家的学生，接纳了神学和天文学方面的知识，并对东方文化有着浓厚的兴趣。在学习和研究的时候，他非常专心，经常把自己关在花园中的一间小屋里。

"成人后，德谟克利特来到雅典学习哲学。后来又到古埃及、巴比伦、印度等地游历，前后长达十几年。他在埃及居住了五年，向那里的数学家学了三年几何。他曾在尼罗河的上游逗留，研究过那里的灌溉系统。

"他还渡过地中海，再一次到达埃及，来到红海、巴比伦平原后，再往南行，一直到埃塞俄比亚，后又往东行到达印度，还在波斯结识了众多星相家。他漫游了地球的大部分地区，听了许多有学问的演讲，学到了许多数学、哲学、天文的知识。他无所不学，无所不问。

"他思考着许多'奇怪'的问题，写着'荒诞'的文章。他在花园里解剖过动物的尸体，到荒凉的地方去思考，独自待在墓地里，别人都以为他是一个疯子。他的所作所为让我们看到了在远古的时候，一位古希腊学者的求学、求知的执着与疯狂。

"他在哲学、逻辑学、物理学、数学、天文学、动植物学、医学、心理学、伦理学、教育学、修辞学、军事学、艺术学等方面都有所建树。他是古希腊杰出的全才，他关于原子论的思想，在古希腊思想史上占有很重要的地位。"

第二天下午，我们准时到达目的地。F 机停在一片空旷的土地上。

下机后，只见不远处，一位满头鬈发、穿着长袍的中年人向我们走了过来。根据图片资料，我们一眼就能确定他就是德谟克利特。他中等身材，黑发棕眼，有着强健的体魄和高贵的气质。

他非常热情地与我们握手。寒暄后，就领着我们走进了一处住宅。

这幢住宅，处处显示着岁月的沧桑，结构精巧，庄重典雅，园内散发着淡淡的花香。穿过花园，他带着我们进入室内，映入眼帘的是一个较大的房间，房间内陈设简朴，色调淡雅，四周的墙壁布满了书橱，房内弥漫着书香，大量的由莎草纸或羊皮纸制成的书籍让我们感到惊讶。

大家坐下后，我们的采访就开始了。

德谟克利特

P 学生说："尊敬的德谟克利特先生，见到你非常高兴，你与你的老师提出的原子论已在世间流传两千多年了，但历久弥新，充满着活力和生机，我们非常想听到你亲自为我们讲授原子论。"

"好的。"德谟克利特说："下面，我把我的原子论向你们说一说。

"在古希腊文化中，对于世界的构成，有许多看法，比如，泰勒斯认为万物都是由水构成的，赫拉克利特说万物是由火构成的，毕达哥拉斯认为万物皆数等。

"我的老师留基伯（约公元前 500—约公元前 440 年，古希腊唯物主义哲学家，原子论的奠基人之一）是古希腊爱奥尼亚学派的著名学者，他首先提出万物（包括人）都是由原子构成的，认为原子是最小的、不可再分的物质粒子。原子之间存在着虚空，无数原子就存在于虚空之中，且自古以来，原子既不能创生，也不能湮灭，它们在无限的虚空中运动着。

"我继承了老师的学说，还发展了老师的思想，认为在偌大的宇宙中，除了原子和虚空之外，就再也没有什么了。

"这里所说的虚空，是绝对的空和无，是原子运动的场所。我总愿意把原子叫作存在，把虚空叫作非存在，但这里的非存在不等于不存在，只是相对于充实的原子而言，虚空是没有实体的空间，这就是非存在与存在的区别，但都是存在的形式。

"宇宙中有四种原子，分别是石原子、水原子、空气原子和火原子，而宇宙中的物质都是由这四种原子在数量、形状、大小和排列上的不同组合而构成的。原子都是一个实心颗粒，其内致密无空隙，没有结构，是一种终极不可再分的实物微粒，但它们有形状、大小和轻重的区别，原子的数量是无限的。

"在宇宙中，原子不能创生，也不会湮灭。原子的运动是永恒的，这是原子固有的属性。它们不停地在虚空中运动着，相互碰撞、挤压，由于这种作用，原子不断地或组合形成万物，或不断分离，使有的物体消失，这就是宇宙间的物体会出现和消失的原因。

"也许，你们会有这样的疑问，原子非常微小，是看不见的，我们无法感知到。那么我的老师是如何提出这个概念的呢？

"以下两点看法是我们提出原子论的根据。

"首先，我们一直有一种看法，一块实物，比如，一根细细的木棒，假如有合适的工具，就可以不断对其进行分割，如果不断分割下去，一直分割到不能再分的微粒，就可以认为是原子。

"其次，在我们的日常生活中，能看到这样的现象——在远处就能闻到食物的香味；湿衣物能晾干；瓶子里的水慢慢地变少；经常用手抚摸的金属表面会发亮……这一定都是由微小的颗粒运动、转移而出现的现象，我们就是根据这些现象，提出了原子论。

"从原子论出发，我还提出了我的天体演化学说。我认为在浩瀚的天宇中，一部分原子由于碰撞、挤压等原因，会形成一种旋涡运动，运动中较大的原子被驱逐到旋涡的中心，较小的原子被驱逐到旋涡的外围。中心的大原子相互聚集形成球状结合体，形成了地球，外围较小的原子组合成了水、气、火等物，环绕地球旋转，地球外围的原子由于旋转而变得干燥，最后燃烧起来，形成了各个天体。

"既然世界是由原子在虚空的旋涡运动中产生的。因此，这就不能排除在宇宙的不同地方，还有区别于我们这个地方的另外的世界。在这些世界里，有的世界里没有星星；有的世界里没有生物；有的世界里有各种生物，但是没有人类；有的世界里没有水，只有高山和沙漠；有的世界在生长，有的世界在衰老；等等，因此，不排除宇宙中有无数个不一样的世界正在不断地生成与灭亡。我们所在的这个世界，无非是其中正在被我们观察到的那一个，是宇宙的一部分，或者说只是一个小宇宙。

"我要特别指出的是，我的原子论有一个重要的特点是没有神的存在。我认为神的出现是因为原始人在威力巨大、变幻莫测的自然现象面前感到无助和恐惧，而又无法找到答案，从而臆造出来的。原始人认为神创造了万物又无所不能，然后再由神来解释一切的未知天象。这种解释我认为是必然会出现的，因为这可以使无法解答的各种疑难与困惑均有答案，会使人类的灵魂少一些恐惧，多一些慰藉。其实，在宇宙中，除了运动的原子和无边无际静止的虚空，再也不会有别的东西，当然也没有任何神灵的出现。

"关于我的原子论，我就说这些内容吧！"

德谟克利特精彩的演讲，让我们完全理解了他的原子论思想。

我们热情地与他告别，这次采访就这样结束了。

登上 F 机后，W 教授对这次采访做了总结。他说：

"德谟克利特继承和发展了留基伯的原子论，而他的老师留基伯在世界上留下的东西很少，后人就把原子论归属在德谟克利特的名下。

"原子论是近代科学的一个源头。近代科学的奠基人正是从这个原子论中汲取了营养，促进了近代科学的发展。伽利略在他的名著《两大体系的对话》中阐述了物质是由无穷多个不可分割的原子组成的；牛顿在他的《自然哲学的数学原理》中提出了古希腊的原子论是他全部自然哲学的基础。日本理论物理学家汤川秀树认为，标志近代物理学诞生的牛顿力学，就是在'欧几里得几何学'和'原子论'的延长线上建立起来的。

"自然科学是以物质世界为研究对象的，原子作为物质世界一个重要的基础层面，已经成为多个自然科学的基础，产生并发展了化学、遗传学、大分子生物学、原子物理、核物理、粒子物理和天体物理等学科。

"除了原子论，德谟克利特还提出了圆锥体、梭锥体、球体等体积的计算方法，他对逻辑学的发展也做出了重要的贡献。德谟克利特的著作涉及自然哲学、逻辑学、认识论、伦理学、心理学、政治、法律、天文、地理、生物学和医学等方面，据说一共有 52 种之多，遗憾的是到今天大多数都只剩下零散的残篇或已散失了。

"在后人的记载中，说他既通晓哲学的每个分支，又是一个出色的音乐家、画家、雕塑家和诗人。他是古希腊杰出的全才，在古希腊思想史上占有很重要的地位。马克思和恩格斯称他是古希腊人中'第一位百科全书式的学者'。

"古希腊的原子论，在沉寂了 2000 年之后，在 19 世纪初，英国化学家 J. 道尔顿（John Dalton 1766—1844 年）接受了他的观点，并为这个观点打下了坚实的实验基础。道尔顿把原子论与化学上已发现的定律联系起来思考，提出了元素是由原子组成的，同一元素的原子都是一样的，不同元素化合时，原子以简单的整数比

结合成化合物，它的质量等于各原子的质量之和。他从原子论出发，导出了道尔顿原子论，测定了原子量，制作了世界上第一张元素的原子量表，奠定了现代化学理论的基石，是科学史上一项划时代的成就。

"也是在 19 世纪初，爱因斯坦用一种扩散的理论，证明像花粉颗粒那样的粒子（比原子大得多）在水中出现的不规则运动，是受到了水中运动的分子（原子）的无规则的碰撞而出现的，而且可以根据一种扩散的理论计算扩散速率，理论计算的结果与观测结果相符，这就间接地证明了原子的存在。不久，法国实验物理学家 J.B. 佩兰（Jean Baptiste Perrin，1870—1942 年）用一系列精密的实验，证实了爱因斯坦的理论预测，为分子（原子）的存在提供了直接证据。由此，原子论被科学界普遍认可，并成为人们认识物质世界的重要思想。

"他在世时，世人就已把他当作伟人，为他建立了铜像；德谟克利特约于公元前 370 年离世。当时，整个国家为他举办了盛大的葬礼。"

👤 **采访对象：约瑟夫·约翰·汤姆逊**
（通常文献中写作 J.J. 汤姆逊）

🕐 **采访时间：1918 年 初夏**

📍 **采访地点：卡文迪什实验室**

我们从北京出发，登机后，飞行约两个半小时，目的地是剑桥大学的卡文迪什实验室。

在 F 机上，H 学生对采访的对象做了介绍，他说：

"我们今天采访的对象是汤姆逊，他于 1856 年 12 月 18 日生于英国曼彻斯特。他的父亲是一个专门销售大学课本的书商，由于职业关系，他结识了曼彻斯特大学的一些教授，这使汤姆逊从小就受到了学者的影响。汤姆逊学习很认真，14 岁便进入曼彻斯特大学。在大学期间，他受到一位教授的悉心指导，加上自己刻苦钻研，学业提高得很快。

"1876 年，他被保送剑桥大学三一学院继续深造。1880 年，他参加了剑桥大学的学位考试，以第二名的优异成绩取得学位，两年后成为大学讲师，并参与了卡文迪什实验室的工作，在瑞利（Rayleigh，3rd Baron 1842—1919 年，英国物理学家，1904 年获诺贝尔物理学奖和化学奖）教授的指导下进行电磁理论的研究。

"1884 年夏，卡文迪什实验室公布了一则消息——聘请实验员汤姆逊为实验室主任。当时有些人对这一消息表示不解。卡文迪什实验室前两任主任分别是电磁学大师麦克斯韦和泰斗级的人物

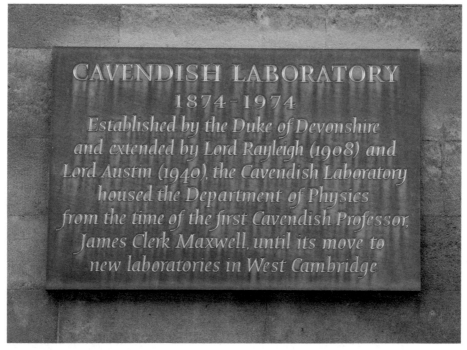

CAVENDISH LABORATORY
1874-1974
Established by the Duke of Devonshire
and extended by Lord Rayleigh (1908) and
Lord Austin (1940), the Cavendish Laboratory
housed the Department of Physics
from the time of the first Cavendish Professor,
James Clerk Maxwell, until its move to
new laboratories in West Cambridge

卡文迪什实验室简介

瑞利勋爵，才毕业四年的汤姆逊能胜任这个职位吗？

"在前主任瑞利的极力推荐下，加之汤姆逊本人也确实非常优秀，汤姆逊就当起了卡文迪什实验室主任。以后的事实都证明，他这个主任当得非常成功。"

不知不觉间，Ｆ机就落在卡文迪什实验室旁的一块空地上。下机后不久，我们就见到了一位六十多岁的老人，他就是汤姆逊先生。

他戴着眼镜，镜片后闪烁着一双慧眼，脸上的两片胡须，不翘也不飘，令人印象深刻，一副温文尔雅、文质彬彬的学者风范。

汤姆逊

见面后，相互寒暄了几句，边走边说间，大家就随着他走进了他的主任办公室。这里有好几间房子，我们走进了一间既敞亮又整洁的会客室，室内有讲台、课桌和椅子。

大家坐下后，P 学生说：

"尊敬的汤姆逊先生，你的工作让人类对于原子的认识有了重大突破，这在科学史上是件大事，我们今天来就是想听听你是如何找到电子的。"

"好的。"汤姆逊说："下面，我就说一说我在这方面所做的工作。

"从 19 世纪的中期开始，许多实验室都把注意力转向了关于气体导电的研究。他们通常的做法是这样的——在一根抽成真空

的玻璃管内放入衡量的某种气体，给管两端的金属柱接上电源，通电后，观察管内气体导电情况。

"早在1857年，德国玻恩仪器厂的技工盖斯勒就制成了真空度达到万分之一大气压的真空管。管内可以充入极少量的某种气体，两端通电后，管内出现了有颜色的放电现象，换作不同气体的时候，管内出现了不同的颜色，非常漂亮。1857年，德国物理学家J.普吕克（Julius Plücker，1801—1868年）还发现正对着阴极的管壁上出现了绿色的荧光。这就是所谓的阴极射线的实验。

"人们不断地做着关于阴极射线的实验，自然会提出这样一个问题，'阴极射线究竟是什么样的物质流呢？'。当时有两种看法——德国物理学家认为阴极发出的射线是一种电磁波；英法的物理学家却认为阴极射线就是粒子流。两种看法引起的争论，持续了二十多年。

"针对这种情况，我决定用实验来找出这个问题的答案。大约是从1890年起，我带领学生认真地进行关于阴极射线的实验与研究。

"开始时，我们将一块涂有硫化锌的小玻璃片放在阴极射线可能经过的路途上。我们看到硫化锌会发出闪光，这一定是阴极射线'路过'这里时留下的'径迹'，实验结果还告诉我们，阴极射线在没有外场的情况下，它是沿直线运动的。

"我们又想，如果说阴极射线是电磁波，那它经过电场和磁场时是不会改变方向的；如果阴极射线是带电的粒子流，那它经过电场和磁场时就一定会改变运动方向。因此，如果在射线的周围加上电场或磁场，根据射线的径迹，就能检验出它是电磁波动，还是带电粒子。

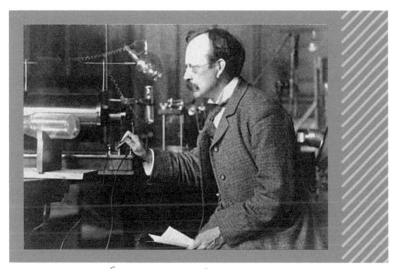

汤姆逊阴极射线实验

"在实验中我们看到，当在管外加上电场，或用一块蹄形磁铁跨放在射线管的外面时，发现阴极射线会发生偏转，这就直接否定了射线是电磁波的看法。我们还发现，在磁场和电场的作用下，阴极射线和带负电荷的粒子具有类似的运行径迹。这就使我们确定，阴极射线是一种带负电荷的粒子流。

"既然已经知道射线粒子是带负电的，接下来我们就想用实验来测定这种射线粒子的速度、电量和质量。

"为了找到这些物理量的数值，我们用了更加精密的实验方法。因为磁场与电场都能使阴极射线流发生偏转。我们就调节电场与磁场的强度，直至让阴极射线的偏转相互抵消，射线微粒仍做直线运动，这样，根据已知的力学和电磁学规律，从电场和磁场的强度比值，就能算出微粒运动的速度。我们测得速度值为 1.9×10^7 厘米 / 秒，但它仍然小于光速。这就更进一步确定，它不

是电磁辐射，而是带负电的粒子流，但这些粒子的电荷是多少？质量是多少呢？

"应当说，要测量阴极射线的粒子电荷量和质量，这是难度很大的实验，因为像针尖大小的阴极射线束，包含着千亿个高速运动的微粒。完成这样的实验，这样不仅要有精密的仪器，还要实验人员有非同寻常的耐心和细心，才有可能完成任务。我们仔细地测得阴极射线在确定外界条件下的射程，再根据公式计算出了微粒的质量，发现微粒的质量很小，约是 9×10^{-28} 克，远远不足氢离子的千分之一。我们发现了一个比最轻的原子还要轻得多的粒子，这显然是一个重大的发现。

"我们根据已知带电粒子在电场或磁场中的运动规律进行计算，发现无论是用磁场偏转，还是用电场偏转都可以测出射线粒子的电荷与质量的比值。我就用这种实验方法测定了'微粒'的电荷与质量之比，即所谓的'荷质比（又称比荷）'，这个比值比电解质中氢离子的比值（这是当时已知的一个值）要大得多。这说明这种粒子的质量比氢原子的质量要小得多，我们得到的结果是——前者质量大约是后者的二千分之一。接着，我们又用几种方法直接测量到阴极射线中的微粒所带的电荷量，证明与氢离子带的电荷量大小是一样的。

"后来，我知道美国物理学家 R. A. 密立根（Robert Andrews Millikan，1868—1953 年）在 1913 年到 1917 年的油滴实验中，精确地测出了结果，微粒的质量只有氢原子质量的 1/1836，其电荷量是 1.6×10^{-19} 库仑。

"1891 年，我的前辈斯坦尼曾用'电子'这个名称来表示电的

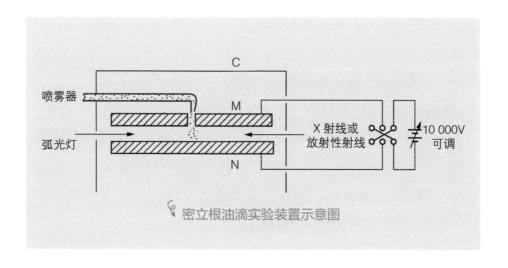

喷雾器

弧光灯

X 射线或
放射性射线

10 000V
可调

C

M

N

密立根油滴实验装置示意图

自然单位。1899 年，我采用了'电子'这个名字，作为阴极射线中粒子的名字，我觉得这个名字非常贴切。

"在大量的实验中，我们发现，无论射线管中用什么样的气体，也无论射线管的两端用的是什么样的材料，得到的射线粒子的性质都是一样的，是同一种带负电的物质微粒流。由此我想，这样的微粒应当是普遍存在于一般的物质当中的。

"然而，根据留基伯、德谟克利特和道尔顿的原子论的思想，普通物质都是由原子组成的，那么，唯一的可能是电子属于原子，它应当是原子的一部分，万物由原子构成，原子中就有它，万物中当然也应当有它。

"开始时，在我的头脑中，一直以来也有原子不可再分的思想。然而，实验中的种种迹象指向电子是原子的一部分，我也开始怀疑这种说法是否正确，但是，大量的实验事实都在支持着这个新的观点，最后我确信这个结论是正确的。

"1897 年 4 月 30 日，我向英国皇家研究所报告了自己的工作，

然后以《阴极射线》为题发表了论文。论文的主要内容是说阴极的微粒是带负电的粒子，我把它命名为电子。它是任何原子的基本组成部分，这样原子也就不再是组成物质的不可再分的最小颗粒了。

"我与我的学生关于电子的发现，主要就是做了以上这些工作。"

接着，他领着我们走进了他的阴极射线实验室，他一边指着仪器，一边给我们做介绍。我们看着这些两百多年前的老设备，暗想他们得有多大的耐心与毅力才能完成这样的实验。

参观完后，这次采访也就结束了。

汤姆逊一直把我们送到实验楼外的 F 机旁。目送我们登机后，与我们挥手告别。

回到 F 机上，大家议论了一下这次采访的感受。

随后，W 教授开始了他的发言，他说：

"1897 年，汤姆逊的实验证明了电子的存在，测定了电子的荷质比，轰动了整个物理界。剑桥大学老卡文迪什实验室门口就有一块纪念汤姆逊发现电子的纪念牌。

汤姆逊发现电子的纪念牌

"电子是人类在认识物质世界中遇到的第一个基本粒子，它的发现打破了原子不可再分的原子论思想。由此，人们称汤姆逊是'电子之父'，是'一位最先打开通向基本粒子物理学大门的伟人'。

"除了发现了电子，汤姆逊对卡文迪什实验室的贡献也很了不起。在他担任卡文迪什实验室物理教授及实验室主任的 34 年间，从上任伊始，就购置新的设备，引进新的实验方法。这使得一个个科学新发现不断出现——电子、云室、同位素等，到 20 世纪末，卡文迪什实验室成为当时最大的科研中心，上百位科学家在此接受训练，我国也有不少学者在此工作学习。

"值得一提的是，汤姆逊对学生要求非常严格，在学生开始做研究之前，他们必须掌握所需要的实验技能，所用的仪器大都要求学生自己动手制作。他认为大学应该培养会思考、能动手、有独立工作能力的人，要求学生不光是一位实验的观察者，更是要做一位实验的创新者。

"在他的学生中，有 9 位诺贝尔奖获得者，使卡文迪什实验室成为全世界引人注目的物理实验中心。这些获奖者中，也包括他的独生子 J.G. 汤姆逊，这创造了一段父子均获得诺贝尔奖的佳话。

"1905 年，他被任命为英国皇家学院教授；1906 年荣获诺贝尔物理学奖；1908 年被封为勋爵；1916 年任皇家学会主席；1919 年被选为科学院外籍委员会首脑。汤姆逊还有不少著作，比如，《电与磁的现代研究》《电与磁数学基本理论》等。

"1840 年 8 月 30 日，汤姆逊以 84 岁高龄去世，葬于伦敦西敏寺教堂公墓的中央，与牛顿、达尔文、开尔文等伟大的科学家安葬在一起。"

物理世界访问记 3

- 采访对象：欧内斯特·卢瑟福
- 采访时间：1918 年 冬
- 采访地点：曼彻斯特大学

按照设定的采访地点，F 机差不多向过去飞行了 2 小时，就到达了英国第二繁华城市曼彻斯特，此处有一所世界 30 强的顶尖名校——曼彻斯特大学。曼彻斯特大学简称曼大，该校始建于 1824 年，在英国大学排名榜单中稳居前十。在这里诞生了许多耀眼的重大科学成就：第一次分裂了原子，第一次发现了质子，研制了第一台可存储程序的计算机等。这所学校前后共出现了 25 位诺贝尔奖得主（统计到 21 世纪 20 年代）。

登机后，H 学生介绍了今天要采访的科学家的背景资料。他说：

"1871 年 8 月 30 日，卢瑟福生于新西兰南岛纳尔逊的一个手工业工人家庭，并在新西兰长大。早年的他进入新西兰的坎特伯雷学院学习，成绩优异，23 岁时就获得了三个学位（文学学士、文学硕士、理学学士）。

"1895 年是他人生的一个重要转折点，他获得英国剑桥大学的奖学金，有幸进入当时世界物理学的高地卡文迪什实验室深造，成为汤姆逊的一名研究生。1898 年，在汤姆逊的推荐下，卢瑟福担任加拿大麦吉尔大学的物理教授，在那里工作了 9 年，于 1907 年返回英国出任曼彻斯特大学的物理系主任。1919 年，他又回到

卡文迪什实验室，接替退休的汤姆逊，担任卡文迪什实验室的第四任主任。他后来一直在剑桥大学工作，直到他离世。

"他用 α 粒子撞开了原子的大门，发现了原子核，被称作是'原子核物理之父'，他的方法开辟了一条正确研究原子结构的途径，为原子学科的发展开辟了道路。"

介绍刚结束，目的地就到了。

我们的 F 机就停在曼大物理实验楼旁的一块空地上。下机不久，我们就见到了大物理学家卢瑟福。他热情地与我们握手，大声地与我们打招呼。他个子很高，说话声音洪亮，行走步履轻健。刚一接触他，我们就被一种积极、阳光的情绪所感染。

卢瑟福

他领着我们，边走边说，把我们引进了他的实验室。在一个安静整洁的房间里，开始了我们的采访。

P 学生说：

"尊敬的卢瑟福先生，很高兴你能接受我们的采访。在原子物理学的领域中，是你首先打开了原子的大门，这是发生在物理世界里的一个重大事件。我们想就这个问题，请你介绍一下相关的工作情况。"

"好的。"卢瑟福说："下面我就来介绍一下我在这方面所做的工作。"

"事情还得从 1896 年说起。那年，我刚来卡文迪什实验室学习，法国物理学家 A.H. 贝克勒尔（Antoine Henri Becquerel，1852—1908 年）发现了铀的天然放射性，大家都敏锐地察觉到这是一个很有价值的新课题，就立刻投入了对这一现象的研究。

"我通过实验取得了一定的成果。1899年1月，我写了论文《铀辐射与它产生的电导》，文中指出铀元素自发地发出的射线具有复杂的成分，其中至少包含了两种不同的射线，我把它们分别命名为 α 、β 射线。到了 1903 年，我发现了 α 射线在磁场中能发生偏转，从偏转的方向就可以断定，它是带正电荷的高能粒子流，后通过实验，我进一步确定 α 粒子的电量是电子的 2 倍，质量是氢原子的 4 倍。

"到了 1907 年，我到曼彻斯特大学主持物理实验室的工作。1909 年，我与德国物理学家盖革（盖革计数器的发明者）和青年学生马斯登用镭天然放射的 α 粒子做穿射金属箔的实验，并想由此来推测金属箔内的原子物质与电荷是如何分布的。

"在实验中，我们发现 α 粒子撞击原子后，会发生偏转。至于偏转的情况，可以通过包围着金属箔的荧光屏，再由 α 粒子撞击荧光屏所发出的闪光来测量。我们用金属箔包围了荧光屏（留一个窄缝，让 α 粒子从其射入，见下图），来精确地统计 α 粒子的偏转情况。

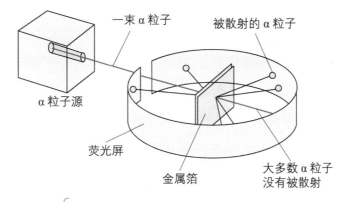

一束 α 粒子　被散射的 α 粒子

α 粒子源

荧光屏

金属箔

大多数 α 粒子没有被散射

第一个 α 粒子散射实验装置示意图

"在多次实验中，我们发现大多数的 α 粒子的偏转角小于 1°，而约有八千分之一的 α 粒子的偏转角超过 90°，甚至被反弹回来。这个实验事实让我感到非常惊讶，这可以说是在我一生的实验生涯中遇到的最不可思议的事情，其难以置信的程度，就像你向一张薄纸发射一颗 15 英寸（38 厘米）的炮弹，而炮弹却被弹回来并打中你一样。

"这个实验结果，让我苦思冥想了好几个星期。我一边想一边进行数学计算，终于在 1910 年底，提出了几点看法。

"第一，我们对金属箔做了这样的估算，即使是最薄的金属箔，厚度也应当有大约 500 个原子，绝大多数 α 粒子直接通过金属箔而没有发生偏转，由此可见，原子内部应具有相对空旷的区域。

"第二，原子中应当有一个体积很小的区域，在这个区域聚积了原子几乎全部的质量和全部的正电荷，我们把它叫原子核，因为只有这样，原子核形成的强电场才能对带正电的 α 粒子产生很强的偏转，甚至出现几乎接近于反弹的散射。

"第三，这个大角度散射的实验结果，与我的老师汤姆逊提出的原子模型是相悖的。他在 1904 年提出的原子模型是这样的——原子是一个带正电的实心的带电球，它的质量和正电荷均匀地分布在整个原子中。按照这样的模型，入射的 α 粒子的电荷与原子内部的电荷之间的相互作用绝对不会使 α 粒子发生大角度偏折。

"鉴于以上的看法，我与我的合作者提出了我们的原子模型。

"我们认为原子中心有一个原子核，它的体积很小，直径在 $10^{-12} \sim 10^{-13}$ 厘米，约为原子直径的万分之一到十万分之一，但集中了原子几乎所有的质量和全部的正电荷。原子核外是一个很大的、

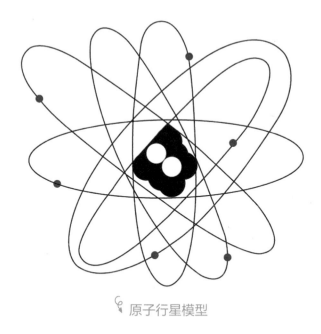

原子行星模型

空的空间，带负电的、轻得多的电子就在这个大空间里绕原子核运行。它看起来就像行星绕太阳运动那样。

"为了检验这一模型是不是符合观察的散射结果，我们根据力学定律和电学定律导出了一个公式，再根据我们的原子模型计算散射到一个给定角度的概率，计算的结果与实验事实相符，这就证明了我们建立的原子行星模型是有实验数据支持的。

"1911 年，我在《哲学杂志》上发表了题为《物质对 α、β 粒子的散射和原子结构》的论文，概述了实验结果与我们提出的原子行星模型。

"虽然我们以实验为依据，提出了我们的行星模型，然而，这个模型一经提出，我的心里就不踏实，原因是原子的稳定性似乎一直在否定我们的模型。根据行星模型，核外的电子与核带的正

电荷很快就会结合在一起,这种结构的原子很快就不复存在了,我们的这个原子模型能够成立吗?

"然而,α 粒子大角度散射的实验事实,又使我确信行星模型应当更具有普遍性,更接近真理。那么,如何解决这个矛盾呢?我们当时还真是找不到更好的办法,让人高兴的是,没有多久,我的学生玻尔提供了一份答卷,回答了这个问题。"

他微笑着对我们说:"我们做的关于原子方面的工作主要就是这些,你们还有什么想问的问题吗?"

P 学生说:"听说你们提出了原子行星模型后,受到物理界的批评和漠视,这是真的吗?为什么会出现这种情况呢?能否简单介绍一下?"

卢瑟福说:

"实际上,我们提出的原子行星模型,与当时成熟的经典电动力学理论有着明显的矛盾。因为电子绕核的运动是加速运动,原子就等同于一个微型电子振荡器,会自动地向外发射电磁波,电子也就会因能量损耗而很快地坠入原子核中。由此推得原子的寿命只有约 10^{-12} 秒,而且在此过程中原子应向外发射连续光谱,这些推论与原子的稳定性,以及原子发射的是分立的线状光谱相矛盾,而我们提出的行星模型不能解释这些问题,因此,当时的科学界对我们提出的模型,要么反对,要么不予理睬。

"我参加了 1911 年第一届索尔维国际物理讨论会,讨论会上既没有提及我们所做的工作,也没有提及我们提出的原子行星模型;1913 年,我的老师 J.J.汤姆逊做原子模型系列讲座时,也没有提到我们的原子模型。当时的报刊文献没有对我们的工作做任何报道。"

"但是，无论怎么说，我们的原子结构模型还是有价值的。我的学生在 1913 年建立的原子论，就是以我们建立的核式结构模型为基础，对电子的运动设定了一些量子化的附加条件而提出来的。我们提出的核式结构行星模型，是有实验依据的，应当是人类认识原子的一个进步。"

由于时间关系，这次采访就结束了。

卢瑟福非常热情地与我们握手告别。

我们登机后，W 教授开始发表他的讲话，他说：

"1919 年，卢瑟福返回到卡文迪什实验室刚一年，就做了用 α 粒子轰击氮核的实验。他从氮核中打出了一种粒子，并测定了它的电荷与质量，它的电荷量为一个单位，质量也为一个单位，这种粒子就是质子，质子就这样被卢瑟福发现了。

"质子从氮原子中打出来后，氮原子就变成了氧原子。这是有史以来人类第一次真正将一种元素变成了另一种元素。到了 1924 年，卢瑟福已经从许多种轻元素的原子核中打出了质子，进一步证实了质子在原子核中的普遍存在。

"用放射性粒子流轰击原子核，能使一种元素变成另一种元素，这是通常的物理和化学变化做不到的；这一发现打破了元素不会变化的传统观念，使人们对物质结构的研究进入到一个新的层次，开辟了一个新的科学领域——原子物理学。

"卢瑟福还首先提出放射性半衰期的概念，证实放射性涉及从一种元素到另一种元素的嬗变。他又将放射性按照贯穿能力分为 α 射线与 β 射线，并且证实前者就是氦原子核，后者是一束电子流。因为'对元素蜕变以及放射化学的研究'，他荣获 1908 年诺

贝尔化学奖。"

W教授又说：

"当人们评论卢瑟福的成就时，总要提到他'桃李满天下'的光辉业绩。他是一位真挚、爽朗、淳朴、诚恳、热忱、负责、智慧、勤恳的人，几乎具备作为好朋友、好导师所要求的一切优点。他从来没有树立过一个敌人，也从来没有失去过一位朋友。在他的助手和学生中，先后荣获诺贝尔奖的竟多达12人。

"我举两例来说明卢瑟福先生与他的学生的关系。

"1922年度诺贝尔物理学奖的获得者是玻尔，这是我们下一个要采访的对象，他曾深情地称卢瑟福是'我的第二位父亲'。

"苏联勤奋、有思想、有幽默感的物理学家卡皮查（Peter L.Kapitza，1894—1984）在卢瑟福老师门下工作了14年。卢瑟福比卡皮查年长23岁，但两人性格相契，都直率并桀骜不驯。师生俩情同父子，亦师亦友。小卡（卡皮查）给他敬爱的卢老师起了个外号——鳄鱼，寓意老师有从不回头、勇往直前的精神。他还做了一个鳄鱼徽标，挂在老师为他建的'蒙德实验室'的墙上，用来激励自己。

"1934年秋，卡皮查回国探亲，被苏联政府留在国内出不来。一个实验物理学家离开了实验室，卡皮查连续几年都无所事事。卢瑟福竟然做了一件谁也不敢想的事，他说服了苏英两国政府，把'蒙德实验室'的所有设备、仪器送到莫斯科，还派了个得力助手前去协助安装。卡皮查在液氮的超流动性、球形闪电研究等方面取得了成功，于1978年获得诺贝尔物理学奖，那年他84岁，成为历史上高龄捧回诺贝尔奖者之一。他的成功显然与他的老师卢瑟福的教诲和帮助是分不开的。

　　"这样的师生关系，人间并不多见。一位老师能做到这样，绝对是老师中的楷模。

　　"卢瑟福于 1925 年当选为英国皇家学会会长。1931 年，受封为纳尔逊男爵。1937 年 10 月 19 日，他因病在剑桥逝世，享年 66 岁。人们为了纪念他，将第 104 号元素命名为'铲'。他的头像出现在新西兰面值 100 元的钞票上，在美国、英国、新西兰都有以他的名字命名的街道，多个国家的研究院以他的名字命名，月球上的一个火山坑以他的名字命名。"

收到剑桥大学的录取通知书后，卢瑟福喊道："这是我挖的最后一个土豆啦！"

卢瑟福曾幽默地说道："我一个搞物理的怎么得了化学奖。"

用粒子轰击原子核，引起核反应

卢瑟福广纳英才

- 采访对象：尼尔斯·玻尔
- 采访时间：1823 年
- 采访地点：哥本哈根大学玻尔研究所

这次我们飞行的目的地是以 N. 玻尔命名的位于丹麦的理论物理研究所（又称玻尔研究所）。飞行时间约 2 小时。

登上 F 机后，H 学生开始了他的介绍。他说：

"这一次采访的对象是丹麦物理学家玻尔，他在卢瑟福原子模型的基础上，通过引入量子化条件，提出了玻尔模型，用来解释氢原子光谱。由于玻尔在原子结构和原子辐射方面所做出的贡献，他获得了 1922 年诺贝尔物理学奖。他是哥本哈根学派的创始人，对 20 世纪物理学的发展有着深远的影响。

"1885 年 10 月 7 日，玻尔生于哥本哈根，父亲是哥本哈根大学的生理学教授，母亲出身于一个富有的犹太银行家庭。优渥的家庭条件，为玻尔提供了有利的学习条件，他受到几乎是那个时代最好的学术和文化熏陶。

"1903 年，18 岁的玻尔进入了哥本哈根大学数学和自然科学系，主修物理学。1909 年，以一篇《关于金属电子论》的论文获得了哥本哈根大学的科学硕士和哲学博士学位。1911 年夏天，他怀着远大的目标到剑桥大学卡文迪什实验室访问久负盛名的汤姆逊。汤姆逊很客气地接待了他，倾听了他在研究方面的介绍，但由于汤姆逊日常工作安排得太多，没有给予玻尔太多的关注和指导。

"就在那年的 11 月，从曼彻斯特来丹麦参加会议的卢瑟福在大会上进行了演讲。卢瑟福的演讲内容，让玻尔深有感触，决定跟随卢瑟福到曼彻斯特去。卢瑟福通过与玻尔交谈，很赏识这位青年才俊，希望他能加入自己领导的曼彻斯特科研团队。卢瑟福还向玻尔介绍了他刚参加的第一届索尔维会议的一些情况，专门说到了普朗克提出了量子概念，爱因斯坦用这个理论解决了光电效应的问题。1912 年 3 月，玻尔到曼彻斯特加入了卢瑟福领导的研究团队。自此之后，玻尔与卢瑟福建立了长期的密切联系。

"玻尔还很喜欢抽烟斗，常常在不断地装烟丝、点烟、敲烟斗的过程中，思考物理学上的一些难题。有一次，玻尔在纽约街上走路的时候，后面有一个人过来说，老先生，你兜里着火了。原来他点了烟以后，忘记灭掉烟斗里的火就把烟斗放在衣兜里，引发了一场小小的火情。因为玻尔有抽烟斗的习惯，在他 70 岁生日的时候，丹麦火柴厂专门送给他一个集纳了各种火柴的模型，供他长久地享用。

"玻尔从小就热爱踢足球，并曾作为守门员代表丹麦国家队参加比赛。当年丹麦报道他获得诺贝尔奖的消息时，普遍的标题就是《授予著名足球运动员尼尔斯·玻尔诺贝尔奖》。"

说话间，我们就到达了目的地。

F 机就停在玻尔研究所附近，停机不久，玻尔就迎了上来。他不到 40 岁的年纪，大长脸，凹眼窝，高鼻梁，突出的眉骨上方有高高的额头。他谈吐温文尔雅，总让你感到他的热忱和谦逊，颇有一种大家风范和领袖气度。

我们随他来到他的所长办公室，进入了一间敞亮整洁的会客

索末菲和玻尔（右）

玻尔

室，采访就在这里开始了。

P 学生先开言，说道：

"尊敬的玻尔先生，很高兴能对你进行采访。我们这次采访主要是想听一下你的原子模型的建立过程。它对量子理论的创建起到了重要的作用，若有可能，我们还想再采访你一次。"

"好的。"玻尔说道："你们不远万里来到这里采访，我非常高兴，下面就我在原子方面所做的工作做一些介绍。

"1912 年前后，我对原子模型很感兴趣，就是因为这个原因，那年春天，我来到曼彻斯特，加入卢瑟福的研究团队。

"我对老师提出的原子模型，进行了缜密的思考，认为老师提出的原子行星模型，有 α 粒子大角度散射实验的支持，是不应当被否定的，而被否定的主要理由是在这个结构中，原子不能稳定存在，或者说就不能够存在，因为用电磁理论无法解释原子的稳定性。那时，我就想，能不能建立一种理论，来解释原子的稳定性，而又不否定这个模型呢？我脑子里经常在琢磨，如何才找到解决这个问题的一条出路。

"记得1913年2月的某一天，我的同事汉森来访，谈话中说到原子结构与光谱学的关系。汉森向我详细介绍了1885年瑞士物理学家 J.J. 巴耳末（Johann Jakob Balmer，1825—1898年）的工作，说他注意到了氢原子谱线的频率有着一种特殊的规律，可以用下面的这个公式表示。

$$\lambda = B\frac{n^2}{n^2-4}$$ 式中的 n=3，4，5（λ 为波长，B 为常数）

"这是一个谱线与波长之间的经验公式，这个公式是巴耳末发现的，为什么会有这个公式，巴耳末本人并不知道，也没有谁能给出解释。这个公式对氢原子光谱的谱线表述极为精确，因此这个公式就成了一块试金石，可以用它来检验由某种理论导出的氢原子谱线是否符合这个公式。

"从这个公式中还可以看到，氢原子的分裂谱线居然是一个个按序分立的整数，我一看到这个公式，脑子中长久聚集的谜团一下子消散了，似乎突然间一切都清楚了——原子内整个运动变化是按量子的方式来进行的，它受量子规律的支配。

"接下来，我就想——是否可以根据一种原子模型，引入量子化的条件，构造一种新的理论，若该理论能导出氢原子的光谱，且与上面的公式显示的结果一致，或者说，新理论能导出巴耳末的公式，那么这就是一个成功的理论。

"按照这样的思路，在1913年初，我就以核式结构的原子模型为出发点，抓住氢原子中发出特定频率的分立光谱线，推测核外的电子一定有稳定的运动轨道，只有当获得或失去一份能量时，才

会从一个轨道跳到另一个轨道，也就是在原子内出现一种量子化的现象，正是这种量子化显示了原子内电子运动的特点。

"1913 年，我提出了我的原子理论，其核心是两个概念。

"一是定态概念。

"所谓'定态'，就是原子的稳定状态。原子在此状态下，能量具有分立值（称作能级），为了确定这些能量的数值，我提出了所谓'量子化'条件——电子绕核运动的角动量（在这里是半径与动量的乘积）只能是 h 的整数倍，核外的电子就只能在这样的轨道上绕核运动，这样电子才是稳定的，不会坠到核中。

"二是量子跃迁概念。

"原子处于定态时是不向外辐射能量的，是稳定的，但在某些情况下，电子可以从一个能级'跳'到另一个能级，由于能级之间的'跳'不需要时间，我把它叫作跃迁，跃迁时会发射或吸收一个光子，频率为两能级的差值除以 h（普朗克常数）。

"这两个概念的引入，就是在原子理论中引入了两个量子化的

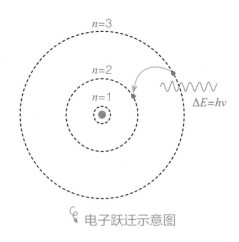

电子跃迁示意图

条件，用来反映原子中电子运动的不连续特征。

"我用这个理论对当时已经发现的氢原子光谱线系规律给出了很好的说明（可见光范围的巴耳末系，红外区域的帕邢系），并且还预言了紫外区还存在着另一条线系。第二年，即1914年，这个线系果然被赖曼观察到，称作赖曼线系，观测结果与理论计算符合得很好，这样，我就把氢光谱的各个线系都联系了起来。

"1913年，我写出了长达200多页的《论原子构造和分子构成》的论文，经我的老师推荐，分3期，也就是论文的三个部分，发表在当年的《哲学杂志》上。第一部分讨论了单电子原子及它的射线光谱；第二部分讨论了单个原子的核体系；第三部分讨论了多个原子核组成的（分子）体系。

"在第一部分的开头，简述了我当时的想法，是这样写的，'……经典电动力学并不适合描述原子的行为。不管电子运动的定律作何变动，看来有必要引进一个与经典电动力学不同的量到这些规律中来，这个量就是普朗克常数……引进这个量之后，原子中电子的稳定组态这个问题就发生了根本的变化……'

"论文发表后，我听到了各方面的意见。有人说，把量子概念引入一个用经典理论建立的模型，很难形成统一的理论基础，理解上也很困难；有人说，麦克斯韦理论在任何情况下都是成立的，是不会有错的，这个模型扔掉了麦克斯韦理论，完全是胡扯；也有人说，这是对光谱规律给出的极富天才的令人信服的解释；爱因斯坦说，这是一个重大成就，玻尔的理论一定是正确的……

"到1914年，弗兰克和赫兹做了电子与原子碰撞的实验。实验表明，从外部闯入原子内的电子，原子会从过路的电子身上'索

取'能量，但'索取'的能量不是任意的，是量子化的，是一份一份的，这就证明原子内部存在着不连续的能级。这一实验也为我的原子理论给出了有力的证明。

"虽然原子内部变化的量子化现象受到越来越多的人的肯定而得以立足，但理论本身却遭遇了越来越多的困难，它的假设太多，而这些假设的根据理论上也不能给予说明。去年，我的原子理论获得了诺贝尔物理学奖，而在发表领奖感言时，我就慎重地说——这一理论还是十分初步的，许多基本问题还有待解决。

"我讲的这些内容，想必你们早就知道了，这只能看作原子理论发展的一个阶段，理论总会向前发展的，我就讲这些吧！"

玻尔的演讲结束后，这次采访也就到此为止了。

回到 F 机上后，W 教授对这次采访做了补充，他说："从电子跃迁示意图中，我们可以看到氢原子发光的一个重要特征，当电子在两个轨道之间跃迁，辐射的光波能量是 ΔE，如果用 ΔE 乘以辐射光波的周期 T（$1/\nu$），则得到普朗克常数 h，这是一个不变的数。氢原子核外电子的任何一次这样的跃迁，无论是从哪一个轨道跳到哪一个轨道，它辐射能量与光波周期的乘积，都等于这个常数 h，这一奇特的现象，揭示了原子世界里的一个重要特征——量子化。

"玻尔理论给出了一个动态的原子结构模型，揭示了原子内部运动变化的量子化现象，成功地解释了经典物理学无法解释原子的稳定性问题，指出了分立的谱线与原子结构的内在联系，对原子光谱的规律给予了解释，从而推动了物质结构理论的发展。

1900 年，普朗克首先提出了量子概念；1905 年，爱因斯坦首先应用这个概念解决了光电效应问题；接下来，就是玻尔把量子概念引入到原子中，并取得了成功，这说明量子现象是微观世界里普遍存在的情形。

"虽然玻尔的模型取得了很大的成功，但自身仍然有一些不可克服的困难。

"这个模型能解释氢原子的谱线问题，但对于核外超过一个电子的元素，比如，锂，钡，硼，碳等，玻尔的模型就显得无能为力；玻尔的模型只能解释谱线所在的能量位置，但不能解释谱线的强度；在这个模型中，电子仍然是绕核做加速运动，只要电子做加速运动，按电磁理论就会向外辐射能量，玻尔的模型只是假定电子有稳定的轨道，但没有说出不向外辐射能量的理由，这与麦克斯韦的电磁理论不符，这样的假定难以让人们信服。

"玻尔的电子轨道理论虽然得到了卢瑟福的赏识，但他也提出了一些很尖锐的问题。比如，电子从一个轨道'跳'到另一个轨道，这种跳通常称之为跃迁，不用时间就能完成，这就要求电子速度无穷大，这不符合相对论；如果跃迁需要时间，就是要求这个时间内电子正好能到某个确定的轨道，这个精准的时间又是如何来确定的呢？玻尔的模型不能回答这个问题。

"总之，这个模型存在许多自身无法克服的困难，这也预示着会有新理论的出现。"

W 教授又说：

"最后，我还要简单地说一下关于玻尔的另一项重要的工作。他于 1920 年在哥本哈根大学创立了理论物理研究所，自己任所长，后人又称其为玻尔研究所。他以自己崇高的威望吸引了一大批国内外杰出的物理学家，创立了哥本哈根学派。这个学派不仅创立了划时代的量子力学理论，还成功地培养了一代科学精英、孕育了一种不朽的科学精神和教育精神，人们颂之为"哥本哈根精神"。

> 谁终将声震人间，
>
> 必长久深自缄默；
>
> 谁终将点燃闪电，
>
> 必长久如云漂泊。

"他成为 20 世纪能与爱因斯坦并肩的最伟大的物理学家。"

相对论

👤 **采访对象：阿尔伯特·爱因斯坦**

🕐 **采访时间：1923 年 1 月 1 日晚上**

📍 **采访地点：中国上海 工部局礼堂**

我们这次来上海的目的，就是去倾听爱因斯坦的一次演讲，并随即进行一次短暂的采访。

我们从北京出发，去往 1923 年 1 月 1 日下午，F 机要向过去飞行约 2 小时。

登机后不久，H 学生做了介绍。他说：

"我先讲一些爱因斯坦的背景材料。他于 1879 年 3 月 14 日出生于德国西南部符腾堡乌耳姆市的一个犹太人家庭（父母均为犹太人）。父亲有数学天赋，但因经济拮据，无钱上学，弃学经商，开了一家电器工厂。母亲有音乐才能，从小爱因斯坦就跟母亲学拉小提琴，古典音乐成了爱因斯坦终生的爱好。

"爱因斯坦从小就不是一个聪明的孩子，4 岁时还不大会说话，5 岁时还不能说出一个完整的句子。据说他 5 岁时，有一次生病，父亲给他一个罗盘，他端详了许久，发现无论怎样摆弄，罗盘的指针总是指向一个方向，这引起他极大的好奇心。在他的自传中，他说这件事对他的影响非常深远，使他想到一切事物的背后一定

还隐藏着什么。正是这种强烈的好奇心，加之他后来的刻苦自学与独立思考，使他逐步走进了科学的殿堂。

"1895 年，16 岁的爱因斯坦到了瑞士，进入阿劳州市的州立中学补习中学课程。1896 年考入苏黎世联邦理工学院师范系理论物理专业。这是一所培养大学或中学老师的学校，开的课程主要是物理和数学。在大学期间，爱因斯坦自学了许多课程之外的学科，尤其是一些大科学家的著作。

"爱因斯坦于 1900 年拿到了大学毕业证书，毕业之后，却找不到一份固定的工作，生活很艰难。经济拮据的他只能试图以讲授物理、数学和教小提琴来赚钱糊口，还曾当过 3 个月的代课老师。

"后来，在同窗好友格罗斯曼的帮助下，他在伯尔尼专利局谋得了一份技术员的固定工作。虽然只是最低等的三级职员，但毕竟有了一份稳定的工作。他的工作是审查新发明的项目。后来，爱因斯坦常常提到这份工作，这份工作能够使他交得起房租，而且每天只占用他 8 小时，剩下的时间，他可以不受干扰地进行学习和思考。他热情地阅读了许多著作，其中有马赫的《力学史评》，这本书对牛顿的时空观开展了批判，对爱因斯坦建立相对论产生了影响；还有一本彭加勒的《科学与假设》，该书内容丰富，思想活跃，有关于同时性定义、时间的测量和黎曼几何的描述，这些内容对爱因斯坦建立相对论都发挥了重要的作用。

"他从 1902 年进入专利局，到 1909 年离开，在这里工作了 7 年。特别要说一下他在专利局的 1905 年，这是爱因斯坦在科学史上创造奇迹的一年。这一年，他发表了 5 篇论文，在 3 个领域有划时代的贡献，就是这一年的 6 月，他建立了狭义相对论。"

"20世纪物理学有两个伟大的理论，那就是相对论和量子力学。量子力学是由许多物理学家创建的，其中也包括爱因斯坦，我们在后续的采访中会看到这一点，而相对论是爱因斯坦单枪匹马一个人搞出来的，从而爱因斯坦也就成了20世纪最伟大的物理学家。

"爱因斯坦的思想掀起了一场伟大的革命，他不仅是一位伟大的物理学家，还是一位哲学家与思想家，他的理论改变了我们对时空、引力和宇宙的认识，引领人类进入一个全新的科学时代。"

H学生接着又说：

"下面我要简单地介绍一下200年前，爱因斯坦少有的东方之旅，两次来到上海。

"1922年，爱因斯坦受日本改造社杂志邀请前往日本讲学。10月17日，爱因斯坦偕第二任夫人爱尔莎搭乘日本邮轮'北野丸'号从法国马赛起程。11月13日上午，途经上海，进入吴淞口，驶向汇山码头。

"爱因斯坦来沪，日本改造社代表稻垣夫妇、德国驻沪总领事、《中国新报》记者、十余名日本记者，以及若干美国记者，共二十余人在码头迎候。

"10点40分，邮轮停靠汇山码头。瑞士总领事上前通知他荣获了1921年诺贝尔物理学奖，宣读了授奖词，颁发了获奖证书。

"接下来，稻垣将各路记者召集到船上的一个社交活动场所，请爱因斯坦分享他对旅途的印象，以及将要去日本访问的感言。

"爱因斯坦发表简短的讲话后，有记者问及狭义相对论的尺缩效应，爱因斯坦答道，'是的，火车的高速把火车上的高尔夫球杆压缩了……'

"该记者又问，这支球杆究竟收缩了多少呢？爱因斯坦在一张记者的采访纸上写下了一个收缩公式，并签了名，说'杆原来的长度乘这个收缩公式，就得到了收缩后的杆长。'爱因斯坦在纸上写下的这个公式，也是他在中国留下的唯一关于相对论的手迹。

$$\sqrt{1-\frac{v^2}{c^2}}$$

A. Einstein

爱因斯坦在接受采访时顺手写下的公式

"上海的中文报纸上的文字是这样的，'博士面貌温和，一君子人，其神气颇类乡村传道教师。衣黑色，极朴实，领结黑白色，发黑而短，二目棕色，闪烁有神。谈话间，用英文颇柔顺，无德语之硬音；爱因斯坦博士，广额卷发，风采静穆，于从容闲适中显出沉着冷锐之气度，一望而知其为思想界之异人。'

H学生说着，在视频上打出了一张照片，说：

"下面是上海志通馆提供的爱因斯坦在上海的照片，那年他43岁。

"爱因斯坦希望能看到上海人民的真实生活状态和上海的传统建筑，下午2点40分，他们一行来到南市区老城，走进了作坊鳞次栉比、小商品琳琅满目的平民生活区。

"11月14日，秋雨沥沥，时断时续，爱因斯坦夫妇与稻垣夫妇参观了龙华寺。中午经过南京路，便来到上海最大的百货商场——永安公司参观购物。下午3点，爱因斯坦一行仍乘'北野

爱因斯坦

丸'邮轮去了日本神户。这次他在上海逗留了二十几个小时。

"时隔半个月，12月31日，爱因斯坦夫妇从日本返程，又途经上海。这次在上海逗留时间较长，其中安排的一项活动是在1923年1月1日晚，在福州路17号工部局二楼大讲堂做相对论的演讲。"

说话间，F机于下午4点到达上海福州路附近的一片空地上，这里离我们下榻的宾馆很近。

下午5点40分，我们进入了工部局二楼的演讲会堂。会堂内已坐满了听众，据说听众是在沪的知识精英和少数在国外受过高等教育的华人知识分子。

晚6点爱因斯坦的演讲正式开始。他精神抖擞，登台后挥手向大家致意，台下掌声四起，气氛热烈，稍后，爱因斯坦用德文开始了他的演讲，旁边站着一位华人翻译。

爱因斯坦热情地说：

"女士们，先生们，大家晚上好！今天，大家聚集在这里，听

工部局大楼，左侧福州路，右侧江西路

我讲演，我感到非常高兴。

"今天，是 1923 年的第一天，离相对论问世已近 20 年，我几次听到有人这么说，世界上没有几个人懂得相对论，说明我建立的这个理论不太容易被大家接受。为什么不好理解？我想主要原因是我们头脑中固有的关于时间和空间的概念总在干扰或抵制大家接受我的理论，而我的理论本质上就是讲关于物质的运动与时空的关系。

"今天，我想用最简单的例子、最通俗的语言，来介绍我的相对论，希望大家都能听得懂，不浪费今晚美好的时光。

"早在 1895 年，那时我 16 岁，还在中学读书。我通过自学，已了解麦克斯韦方程，这个方程中出现了电磁波的速度，就是光速。让我十分惊讶的是，方程中的光速居然与方程的坐标之间的变化并不相关。也就是说，在不同的惯性参考系中，光速都是一样的，都是 c，都是 3×10^8 米 / 秒，这使我陷入了沉思。

"这是一个匪夷所思的结论，直接违背我们的日常经验。这相当于在说这样一件怪异的事情——站台上有一位观测者 A，他看到速度为 v 的列车上，有一位旅客以速度 u 向车头走去，A 测得这个人的速度当然是（$v+u$），而列车上的一位观测者 B，看到的这个人的速度当然是 u。这与我们的经验是一致的，也符合伽利略的速度变换公式，A、B 两位观测者测得的速度是无论怎样也不会相等的。

"假定列车上的人是'一束光'，那么，按麦克斯韦方程给出的结论是——无论是站台上的 A 或者是列车上的 B，他们测得的'那束光'的速度都是一样的，都是 c，这实在是让人很难理解的一件事情。

"根据这个结论，我想到了一个所谓的'追光实验'——如果我以速度 c 去追赶一束光，因为二者速度一样，我应当能看到被我追赶的那一束光相对于我是静止的，应当就是在我的周围空间里振荡着的电磁波动，是停滞不前的电磁振荡。

"直觉在告诉我，这样的事情是不会发生的，我追赶的那束光仍然应当以光速从我的身边经过，这才符合麦克斯韦方程的要求，光似乎不同于宇宙中的其他物体，它在不同的惯性系中行走的速度都是一样的，那光为什么会是这样的呢？它又是如何运动的呢？这些问题一直纠缠着我。

"记得大概是 1905 年 5 月的一天，我到一位朋友家，想与他一起探讨这个问题，我们仔细地检查了与此问题相关的每一个细节。突然间，我领悟到了这个问题的症结——时间不应当是绝对的，时间在不同惯性系中应当是可变的，而且正是因为这种'可变'，才能解释光速在不同惯性系中的'不变'。那么，随之而来的问题是，光速的不变与时间的可变又应当满足什么样的关系呢？

"下面，我用一个最简单的思想实验，来导出光速不变与时间可变之间的关联。

"设有一列自西向东高速飞驶的列车，车速为 v，车上的甲用激光器从车厢底部向车顶发出一束激光，激光再由车顶反射回来，光束走的路径是 ↑↓；站台上有乙，由于列车在高速行驶，他看到此束光一定是按 ↗↘ 这样的路径行走的。乙看到光走的路径比甲看到的要长，由于光速无论是在车厢内还是在站台上其速度都是 c，是不变的，那么这束光走长的路，用时一定就大，用时与行路的长度一定是成正比的。

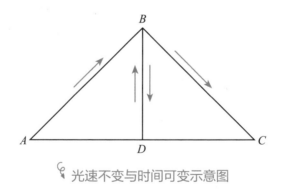

光速不变与时间可变示意图

"为便于大家理解，假定甲测得这束光走完这个过程用了 1 秒，则乙看到光完成这个过程一定是超过了 1 秒，因此乙认为甲的钟走慢了，究竟慢了多少，一定是等于路径 ↑↓ 的长度与路径 ↗↘

长度之比。实际上是直角三角形的高与一个斜边的比。这就很容易找到由于光速不变，甲、乙时间的变化之比，就应当是图中的 BD/AB。这就简化成一个简单的数学习题，一位初中生就可算得结果。

"由上图可见，甲测得光行驶时间是 $\Delta t'=2BD/c$；乙测得的光行时间是 $\Delta t=(AB+BC)/c$，由此

$$\Delta t'/\Delta t=2BD/(AB+BC)=2(AB^2-AD^2)^{1/2}/2AB$$
$$=[1-(AD/AB)^2]^{1/2}$$
$$=[1-(v/c)^2]^{1/2}$$

令 $[1-(v/c)^2]^{1/2}=\beta$，式中 v 是列车的速度，β 是一个纯数，是一个总小于 1 且大于零的数。这个数是狭义相对论的肯綮（qìng）。上次我来上海，在汇山码头，记者采访时问我，高速列车上的球杆缩短成多长，我写的就是这个式子，就是原来的杆长乘 β。

"好了，我们再来说一说列车上的钟慢了多少，就是站台上的钟的走时乘 β，即有

$$\Delta t'=\beta\Delta t$$

如果列车是以 $0.8c$ 的速度飞驰，那么可计算得 $\beta=0.6$，列车上的钟的一次滴答声（$\Delta t'=1$ 秒），相当于站台上的钟（$\Delta t=\Delta t'/\beta=1.67$）走了 1.67 秒。

"这就是说，乙看到一只运动的钟走慢了。

"有了这个结果，还可以得到如下的结论——运动的尺子，在运动方向上要缩短；'同时'是相对的；任何物体的运动速度都不能超过光速；等等。这些，因时间关系，我就不讲了。

"说得通俗一点，这个理论告诉你一件怪事——如果一个人在

你面前以很高的速度运动，你将看到这个人像是在运动方向上受到了挤压，变扁了；他手上的表走得慢了；他的生理过程变慢了，呼吸慢了，心跳慢了，他变得年轻了，而这些变化都是因为光速不变的缘故。

"就以上讨论的问题，我写出了论文《论动体电动力学》。1905 年 9 月发表在《物理学年鉴》上，这就是我的狭义相对论。

"狭义相对论建立之后，我就开始建立广义相对论。

"事情还要从我 16 岁时想到的另一个思想实验说起。这个实验是这样的——如果有一架升降机，在一个远离星体、没有引力场的空间中，以加速度 g 向上（其实是任意选定的一个方向）运动，那么会出现什么状况呢？

"显然，这个升降机所处的环境与地面上的力学环境是一样的，升降机里物体的运动与地面上的是一样的。升降机里的人做自由落体、平抛、单摆等各种实验，结果与在地球表面上实验的结果不会有什么区别。这就是说，这个升降机制造了一个重力场，是用一个加速的空间，等效了一个引力场。由此，我提出了一个等效原理'引力场与一个具有恰当的加速度的空间在物理上是可以等价的。'

"我们在这个升降机里再做两个实验，来阐明时空的弯曲。

"设想有甲、乙两位观察者，观察同一束光通过升降机的运动径迹。

"在升降机外，有观测者甲。他随意选定一个竖直和水平方向，并事先在这个升降机的左壁和右壁各开凿沿水平方向的两个小孔 A 和 B。

"当升降机以极大的加速度 a 向上运动后，让一束光水平地射

入 A，由于光速不是无限大，当这束光从左壁到达右壁时，升降机一定会上升一段距离。在升降机里的观察者乙一定会看到从 A 孔射进来的光束打在低于 B 的下方的 C 处，这位观测者看到这束光线在升降机里走的是向下偏离的'弯道'。

"因为加速场与引力场等效，由此，我提出了这样的看法，在一个引力场中，光走的是弯道，这是因为空间是弯曲的，因为空间弯曲了，光也只能沿着弯曲的空间走弯道。

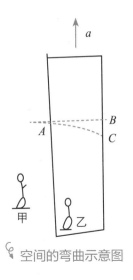

空间的弯曲示意图

"在上图中，我用中学的运动学公式就可算得光线偏离的距离 BC，

$$BC=(1/2)at^2，式中的 t=AB/c（式中 c 为光速）$$

"根据上面的分析，我们也就容易算得光经过太阳附近的偏离情形。根据万有引力公式，应当是万有引力常数 G（6.7408×10^{-11} 米 ^{3} · 千克 $^{-1}$ · 秒 $^{-2}$）乘太阳的质量（1.99×10^{30} 千克）再除以太

阳半径（ 6.963×10^5 千米）的平方，光线经过太阳表面的距离（相当于图中的 AB ）可以认为是太阳的直径（约 1.4×10^6 千米）。

这样就容易算得光线经过太阳表面时'掉下'的距离（相当于图中的 BC ）和偏转的角度（相当于图中的 $\angle BAC$ ）。

"1915 年 11 月，我认真地计算了遥远的星光掠过太阳表面时，由于太阳周围空间的弯曲，星光将会发生 1.75 弧秒的偏转。这是一个很小的偏转，这个小小的转角相当于在 3 千米之外看一枚硬币张开的角度。不过，我用当时的技术已经能够测量出这么小的偏角，是一件不容易的事情。我深信，太阳周围的空间一定是弯曲的，光线只能沿着这条'弯道'向前'跑'。

"为了验证我的预言，英国派出了两支观测队伍，他们分别事先到达选好的观测点，并进行了认真的观测。经过对观测的数据反复认真处理，1919 年 11 月 6 日，英国皇家学会和皇家天文学会联合举行会议宣布——星光在太阳附近会平均发生 1.79 弧秒的偏转，这与我的预言符合得很好。

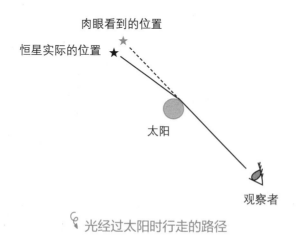

光经过太阳时行走的路径

　　"下面，我再来说一下时间的'弯曲'。

　　"引力场中，时间不像空间那样弯曲，而是时间的流逝速度会随着空间位置不同而发生变化。

　　"假如，有一艘飞船在向前加速飞行，其加速度为 a，有 A、B 两个结构一样的钟，A 放置在飞船的前端，B 放置在飞船的尾端。A、B 之间的距离是 L。A 每隔 1 秒就发射一个闪光（相当于钟上指针的'脚步'），B 处的观测者，就可以持续地接收到这个闪光信号，即'听到'A 不断行走的'脚步声'。

　　"如果飞船没有加速行驶，每次从 A 处发出的闪光，到达 B 处的时间是不会发生变化的，这两个钟的走时是一致的，若你在 B 处，看到的闪光频率与你身边钟的走时的频率是一致的。

　　"如果飞船以加速度 a 向前运动，随着飞船的速度越来越大，则 B 通过 L 的用时会越来越少，B 接收到的 A 闪光的时间间隔也会越来越短，显然 B 会看到 A 的'脚步'变得急促了，在 B 处的你一定会认为 A 走得比 B 快，或者说 B 走得比 A 慢。

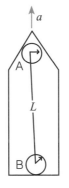

　时间的弯曲示意图

"这是一个既合理又容易理解的推论。

"因为加速场与引力场等效，所以在地球重力场中，放在低处的一个钟（相当于 B 钟）要比放在高处的一个钟（相当于 A 钟）走得慢，引力场中的钟的走时快慢会随着高度的变化而发生变化——在高处走得快一些，在低处走得慢一些。

"当然这种差异是很小的，在地球表面，20 米高度差引起的频率差大约只有 2×10^{-15} 这么一丁点儿，如果一座塔高是 20 米，那么，在塔顶的钟走时 1 秒，约比在塔底的 1 秒快了只有千万亿分之一秒。同理，地球表面的钟（无论是物理钟，还是生物钟）会比月球表面的钟要走得慢一些。

"通过以上的分析，我得到了这样的看法——时空是一个整体，是一个四维的结构，它是可以弯曲的。引力只不过是时空弯曲的一种物理表现；引力场就是被物质弄弯了的时空的几何效应；引力场就是弯曲了的时空。

"最后，我再说一下我建立的方程。德国数学家 B. 黎曼已完成了如何用一个几何张量来描述弯曲的空间，引力场就是弯曲的时空，我想可以用这种方法来描述。引力场是由物质的分布和运动来决定的，可用一个称作能量 - 动量的张量来表示。这两个张量都是在刻画引力场，显然就可以构成等式，建立方程，它是这个样子的：

$$R\mu_\nu - \frac{1}{2}\, g_{\mu_\nu} R = \frac{8\pi G}{c^4}\, T_{\mu_\nu}$$

"这个方程虽然不长，但它预言了宇宙中还有未观察到的奇特天体，这些天体在一个弯道上绕恒星转圈，连光也是在弯道上行走的。它一定还能告诉我们现在还不知道的许多事情。

"1916 年，我发表了《广义相对论基础》，对广义相对论的研究做了全面总结，并指出牛顿理论可以作为这个理论的一级近似，指出了光线走弯道、行星轨道近日点进动等理论预言。

"我就讲到这儿吧，时间不早了，不耽误大家的休息了，谢谢大家。"

在热烈的掌声中，爱因斯坦结束了他的演讲。按照预先的约定，我们对他开始了一个短时间的采访。

当爱因斯坦知道我们是从 200 年后的世界里跑过来的，他很感兴趣，他最想知道他的理论被实验验证的情况。

W 教授就这个问题做了简短的回答。他说：

"1915 年，你根据广义相对论把行星绕日的运动看作行星在太阳周围的弯曲时空中的运动，解决水星近日点的进动问题，也是对你的理论的有力检验。后来，人们又用你的理论对金星、地球和小行星伊卡鲁斯的多余进动进行计算，得到的结果都与你的理论结果基本相符。

"至于光在引力场中的弯曲，1919 年，经过爱丁顿等人的测量，已经证明了你的理论是成功的，从而轰动了全世界，这你是知道的。

"1957 年，德国物理学家 R. L. 穆斯堡尔（Rudolf Ludwig Mössbauer，1929—2011 年，1961 年诺贝尔物理学奖获得者）以很高的精度测定低能 γ 射线的频率是变化的。1959 年，物理学家把 22.5 米高处的低能 γ 射线频率与地面低能 γ 射线频率变化进行了比较，与你提出的理论吻合得很好。

　　"1971 年，人们使用几面原子钟，一面放置在地面上，另外几面由飞机携带至 10000 米高空，沿赤道环绕地球飞行。实验结果与理论值比较，误差不超过 10%。

　　"1964 年，人们用雷达测定了光经过水星、金星和火星时，出现了延迟现象。这种现象与你的理论计算结果相比，误差只有 1%。后来，你的理论在天体物理学和宇宙学上都获得了很大的成功。"

　　时间已经不早了，我们简短的采访也就结束了。

　　爱因斯坦与我们握手告别。

　　1923 年 1 月 2 日下午 1 时，爱因斯坦夫妇乘"榛名丸"号邮轮离开上海，顺访埃及、耶路撒冷。两次途经上海，成为爱因斯坦与中国仅有的"亲密接触"，但当时的学术界如果与爱因斯坦建立了更有效的沟通渠道，有些误会就不会有，中国与爱因斯坦的接触就会更"亲密"一些。

　　随后我们回到了北京驻地。

量子论

- 采访对象：马克斯·普朗克
- 采访时间：1901 年春
- 采访地点：柏林大学

　　我们从北京出发，向过去飞行约两个半小时，就到达了目的地——柏林大学。

　　登机后不久，H 学生就今天访问的对象给我们做了一些介绍。他说：

　　"普朗克于 1858 年 4 月 23 日生于德国的基尔，父亲是基尔大学的法律学教授。9 岁时，父亲应邀到慕尼黑大学任教，他随父亲到了慕尼黑。普朗克中学就读于慕尼黑的马克西米利安文理中学。

　　"中学期间，他是名列前茅的学生，具有很高的天分，做事有责任心，热爱劳动，在音乐与数学方面有很高的天赋和才能。他的老师米勒教他天文学、力学和数学。从米勒那里普朗克学到了他生平第一个原理——能量守恒，也就是从这个原理开始，他接触了物理学。

　　"普朗克于 1874 年 10 月进入慕尼黑大学，最初想主攻数学，但很快就被物理学所吸引，而他的老师劝他不要学习物理，并对他说，物理学体系已明显地接近于几何学所具有的完美程度，大概率没有什么本质上的东西有待发现。你不必花时间浪费在这个没有多大前途的学科上。普朗克却委婉地表示，他研究物理是出于对自然和理性的兴趣，只是想把现在的东西搞清楚，并不奢望能做出什么巨大的成绩来。

"1879 年，年仅 21 岁的普朗克凭借论文《论热力学第二定律》获得了慕尼黑大学的博士学位，论文中贯穿了他对'熵'深刻、独特的见解。1880 年 6 月，他又凭借论文《各向同性物质在不同温度下的平衡态》获得慕尼黑大学任教资格。1885 年，他成为基尔大学理论物理副教授。1889 年 1 月，他受聘于柏林大学，3 年后成为正教授，从此，他就在这所世界名校开始了他的教学和研究生涯，直至终老。

"1894 年，他开始把注意力转向黑体辐射问题，经过 6 年的努力，终于取得了成果，从此打开了物理学的一扇新的大门，为物理学的发展做出了巨大的贡献。由于他提出了能量子概念，荣获了 1918 年的诺贝尔物理学奖。普朗克深受爱因斯坦、玻尔等一代大物理学家的敬慕。"

说话间，我们已到达位于德国首都的一所世界名校——柏林大学。

柏林大学，创办于 1810 年，是欧洲最具影响力的大学之一。校园风光旖旎，建筑雄伟。

我们今天要采访的普朗克，已经在这里执教了 40 余年。除普朗克量子理论的主创人员，还有爱因斯坦、海森堡、薛定谔、玻恩等都曾在这里学习与执教；无产阶级的革命导师马克思和恩格斯也曾在这里学习深造；大哲学家黑格尔、费尔巴哈、叔本华等都毕业于该校；我国著名教育家、北京大学创始人蔡元培，史学大师陈寅恪先生也在这里学习过。

在这所学校的历史上，曾有 57 位诺贝尔奖获奖者（统计到 21世纪 20 年代）。说柏林大学是世界名校，确实名副其实。

F 机刚停下不久，普朗克便欣然走了过来。他四十多岁，宽大的前额，一双富有穿透力的眼睛，身着深色西服和浆洗过的白衬衣，戴着黑色的领结和夹鼻眼镜。下图是一张他 1879 年获得博士学位时的照片，怎么看都是位俊美的学者。

普朗克

双方见面，热情问候。之后，他领着我们款款地行走着，边走边介绍这里的情况。

不知不觉间，我们就来到了他的办公室。这是一间较为宽大的办公场所，专门隔出一个小区域，有讲台、黑板，台下有课桌，在这里可以举行小型的会议或讲授活动，我们就在这里进行了采访。

P 学生开言道："尊敬的普朗克教授，我们这次访问的目的是想听你讲一讲'量子'这个概念是如何发现的。"

"好的。"普朗克说："下面我就把这方面的情况给大家做简要介绍。

"我先要讲一下'黑体'这个概念。什么是'黑体'？简单地说就是开有一个小孔的腔体，它能吸收外来的全部电磁辐射，且不会有任何的反射与透射，这就是黑体。若能在腔体内加热，在小孔处接收热辐射（电磁辐射），就可以研究在不同的温度下黑体辐射的能量是如何随辐射电磁波的频率分布的，这就是黑体辐射问题。实验物理学家已经通过实验绘出黑体辐射的曲线，这条曲线也是给当时的物理学家提出的一个问题——如何从理论上得到一个与实验观测相符的曲线来。

"这一问题早在 1859 年由我校的物理学教授基尔霍夫提出。我于 1894 年开始对这一问题进行思考。当时，对这一问题的研究已有两个重要的进展：一个是法国物理学家 W.维恩，他把辐射看作粒子的热运动，而能量平均分配到每一种频率的振荡上，然后用统计的方法提出了一个公式。这个公式（维恩公式）可以正确反映短波部分的测量结果，但又无法符合长波部分的辐射情况；另一个是英国物理学家瑞利和 J. H.金斯用麦克斯韦的电磁理论，证明辐射的电磁波是满足腔体内驻波条件的各种电磁波的集合，而能量就平均分配到不同频率的驻波上，黑体的辐射就是这些不同模式的驻波电磁振荡时产生的辐射。他俩提出的公式（瑞利—金斯方式）符合长波部分的辐射情况，但无法解释短波部分的测量结果。这两个公式，都有与实验相符的地方，也都有不足之处，它们形成一种互补的态势。

"我清楚地记得是 1900 年 10 月 7 日那天，实验物理学家鲁本斯来我家讨论了这个问题。这使我想到能否找到一个公式，在短波部分与维恩公式一致，在长波部分又与瑞利—金斯公式一致，这就避免了两个公式中的短处而又能彰显各自的长处，有可能会出现一个正确的公式。经过一番思考，很快我用数学上的内插法就找到了这样的公式。

"就在那天晚上，我把新想出来的公式写在明信片上，寄给了鲁本斯。他接到我的明信片后，就把我的公式计算出来的结果与他测量的实验数据进行了认真的对比，发现无论是在高频区还是在低频区都与实验数据惊人的一致，对比结果令人非常满意。两天后，鲁本斯又来我家告诉我这个新公式与实验结果完全一致的大好消息。

"1900 年 10 月 19 日，在德国物理学会上，我做了以《论维恩辐射定律的改进》为题的报告，介绍了我的新公式。

"虽然说我提出的这个公式，与实验结果符合得很好，但是不管怎样，这是用数学的方法凑出来的一个公式，是我侥幸得出来的一个公式，没有任何理论依据，它本身的价值一定是非常有限的。因此，我必须找到这个公式为什么是正确的，尽快找出问题的症结。

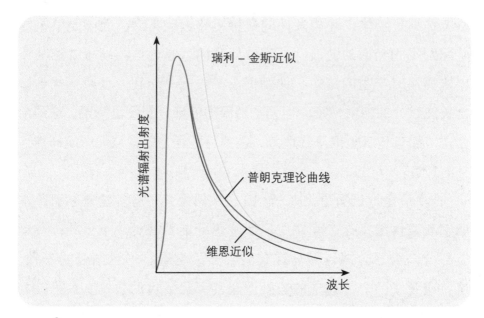

光谱辐射出射度

瑞利－金斯近似

普朗克理论曲线

维恩近似

波长

黑体辐射的普朗克理论曲线、瑞利－金斯近似和维恩近似的比较

　　"通过几个星期的紧张的努力，我得到了看法——假设腔体内的部分物质是带电的振动粒子，它不断地因振荡而发射电磁波，也能不断地吸收外在的电磁辐射，而无论是吸收或辐射，每发生一次都可以看作振动的粒子与电磁振荡之间的一次相互作用，辐射是发射了能量，吸收是获得了能量，因此这种相互作用就是一次能量的转移过程。但这个能量转移过程有一个重要特征——能量的转移必须是一份一份的，是量子化的。我把这个看法写成了论文。

　　"1900 年的 12 月 14 日，我向德国物理学会宣读了题为《关于正常光谱的能量分布定律理论》的论文，在这次演讲中，我激动地阐述了我的惊人发现——要获得与实验相符的正确的黑体辐射公式，必须要假设每次相互作用的能量转移不是连续的，而是一份一份的，每次作用转移的能量只能是该电磁波频率 ν 乘一个常数 h 的整数倍，记作 $\varepsilon_n = nh\nu$（$n = 1, 2, 3, \cdots$），n 为整数。其中 h 是一个我新发现的一个常数：

$$h = 6.62607015 \times 10^{-34} \text{ 焦耳·秒}$$

引入这个常数，能量转移过程就变成量子化的了，而且最小的能量转移是 $h\nu$，我把它叫作能量子，简称量子，由此，黑体辐射的能量只能是最小量子的整数倍。

"之后，我又经过多次尝试，每次尝试的结果都在告诉我，只有做这样的假定，理论计算结果才能与观测到的数据相符合。虽然我还在不断地怀疑我的看法，但计算的结果与实验相符，我只能接受这个事实，但我并不明白，黑体内究竟发生了什么，才产生这种量子化的现象。

"关于我发现量子的过程大致就是这样的，我就讲这些吧！"

通过普朗克教授清楚的讲解，我们已实现了采访的目的。

采访结束了，普朗克教授热情地与我们一一握手道别。

我们登机后，W 教授开始了他的发言。他说：

"很显然，普朗克的理论是与经典理论相悖的，也不符合人们长久以来固有的能量是连续变化的观念，因此当普朗克提出量子假设后，物理界对此的反应是冷漠的。在这个过程中，普朗克的心里也总是惴惴不安，并多次试图用麦克斯韦的电磁理论来建立公式，解释黑体辐射问题，还想着再退回到经典物理学的立场上去，但是几经努力，都不能成功。这也说明了用经典的方法无法解决黑体辐射问题，瑞利、金斯和维恩的工作已经证实了这个观点，而相比之

下，量子论已经摆脱了经典物理的羁绊，飞速地向前奔跑了。

"普朗克的假设是奇怪的，为什么物体接受的辐射电磁波的能量只能取不连续的特定值呢？这是一个实验的结果，虽然人们还找不到原因，但是一个新的概念在物理世界出现了，一旦一个新的概念进入这个世界之后，带来的后果是无法预料的。开始，量子概念虽然没有受到多少人的关注，但不久就震撼了整个世界。

"普朗克像是在树林里发现了一颗奇异的小小的种子，他并不清楚为什么会有这样的一颗种子，也不知道它明天会长成什么样，就犹犹豫豫地把这颗种子埋到了泥土里。不可思议的是，它居然发芽了，长成了一棵神奇的树，还结出了无比丰硕的果子。

"普朗克的量子化假设，很快就取得了成果。爱因斯坦于 1905 年提出，在空间传播的光也不是连续的电磁波动，而是一颗一颗的粒子，每颗都叫一个光量子，简称光子。一个光子的能量 E 跟光的频率 ν 成正比，即 $E=h\nu$。爱因斯坦根据这个假设，很容易地解决了光电效应问题，获得了 1921 年的诺贝尔物理学奖。

"前面我们在采访玻尔时，也说到了玻尔在卢瑟福行星模型的基础上，加入量子化假设，引入了能级、跃迁等概念，建立了他的原子模型，顺利地解释了氢原子光谱，获得了 1922 年的诺贝尔物理学奖。"

W 教授又说：

"1911 年，在比利时的布鲁塞尔召开了第一届索尔维会议，会议的主题是'辐射理论与量子'。这次会议激发了彭加勒对量子问题研究的兴趣，彭加勒的工作使他于 1912 年获得了一个结论——任何可以推出普朗克黑体辐射公式的理论，都必须包含一种本质上的非连续性。1916 年，爱因斯坦用量子化的假设，用统计理论也导出了普朗克建立的黑体辐射公式。

"到了 1919 年，索末菲在他的《原子构造和光谱性》一书中将 1900 年 12 月 14 日称为'量子理论的诞辰'，后来的史学家将这一天定为量子的诞生日。

"后来人们把 h 称作普朗克常数，这是继万有引力常数 G 和真空中光速 c 之后的第三个重要的物理常数。这个常数的发现，是划时代的科学事件，是 20 世纪物理学重大进展的标志。这里要说一下我国物理学家叶企孙（Ye Qisu，1898—1977 年）与 W. 杜安、H. H. 帕耳默合作测了普朗克常数，他们的测定值在当时是最精确的。爱因斯坦对普朗克的发现给予了高度的评价。他在 1948 年 4 月普朗克追悼会上宣读的悼词中说——这一发现成为 20 世纪整个物理研究的基础，从那个时候起，几乎完全决定了物理学的发展。要是普朗克没有这一发现，那就不可能建立分子、原子，以及支配它们变化的能量过程的有用理论，而且它还突破了经典力学和电动力学的整个框架，并给科学提出了新的研究任务，为全部物理学找出了一个新的概念基础。"

W 教授还说：

"普朗克在治学、做人、做事、个人品行等方面都被世人所称道。1947 年 3 月，普朗克做了他人生中最后一次演讲——'精密科学的意义和范畴'。普朗克在演讲中无比平静地说——值得我们追求的唯一高尚的美德，就是对科研工作的真诚，这种美德是世界上任何一股力量都无法剥夺的，这种幸福是世界上任何一种东西都无法比拟的。

"自 20 世纪 20 年代以来,普朗克成为德国科学界的中心人物。他的公正、正直和学识使他在德国受到普遍的尊敬。在纳粹政权的统治下,他反对种族灭绝政策,并坚持留在德国,尽力保护各国科学家。为此,他承受了巨大的家庭悲剧和痛苦,凭借坚忍的自制力一直活到 89 岁。

"1947 年 10 月 4 日,普朗克在格丁根逝世,享年 89 岁,葬在格丁根的公墓里。爱因斯坦在写给普朗克的悼词里是这样说的——一个以伟大的创造性观念造福于世界的人,不需要后人来赞扬,他的成就本身就已给了他一个更高的报答。

"他的坟墓上有一块大约两米高的矩形石碑,石碑上面只刻着他的名字,连生卒年也没有。石碑的底部刻着属于他的普朗克常数 h=6.62 · 10^{-34}w · s^2,不过,工匠似乎不懂行,多刻了'一'号。

"格丁根公墓的林间还散落着哈恩、劳厄、海森堡(只有纪念牌)、能斯特和温道斯的墓碑,它们一字排开,已成为大自然中的

🔖 普朗克墓碑

一块石头,不再是人类某阶段的标志。在这个墓园中,还安息着数学界的无冕之王希尔伯特,他出生于康德的故乡哥尼斯堡,并在那里接受教育。后来,他来到格丁根领导数学学派时,已是高斯死后的 40 年。他本人早在 1915 年就导出广义相对论的希尔伯特作用量,但他明确地表示这个理论应完全归功于爱因斯坦。"

👤 采访对象：路易·维克多·德布罗意

🕐 采访时间：1938 年

📍 采访地点：巴黎大学

我们从北京出发，登机后不久，H 学生就对今天的采访对象做了介绍。他说：

"我们今天要采访的是法国物理学家德布罗意，德布罗意中的德（de）在法语中是贵族使用的，比如，法兰西第五共和国总统 C. 戴高乐（Charles de Gaulle）的名字中也有 de。德布罗意出生在一个显赫的贵族家庭，到目前为止，我还没有发现有哪一位物理学家出身于这样显赫的家族。他的家族自 17 世纪以来在法国的军队、政治、外交方面都颇具盛名。数百年来，他的家族在战场上和外交上为法国王室提供服务。1740 年，他的祖上被路易十五封为德布罗意公爵，到 1960 年，德布罗意成为第 7 代德布罗意法国公爵。

"1892 年 8 月 15 日，德布罗意出生于法国塞纳河畔的迪耶普。中学毕业后，他进入巴黎大学学习，主要学习历史、法律。1910 年获文学学士学位。在大学学习期间，由于受到哥哥莫里斯·德布罗意研究 X 射线，以及彭加勒、洛伦兹等人的著作影响，对科学产生了兴趣，1911 年开始学习物理学，于 1913 年获理学学士学位。

"1922—1924 年，他逐渐形成了他的波粒二象性思想。1924 年，他获得巴黎大学科学博士学位，1932 年担任巴黎大学理论物理学教授，1929 年获得诺贝尔物理学奖，1933 年被选为法国科学院院士。"

　　接着，关于我们今天采访的地点——巴黎大学，P 学生做了些介绍，他说：

　　"这是一所世界一流的研究型的多学科大学，坐落在法国巴黎。

　　"许多名人都出自该校，比如，有两次获得诺贝尔奖的玛丽·居里、获得诺贝尔物理学奖的佩兰、著名物理学家和数学家彭加勒、物理学家朗之万、哲学家狄德罗、著名微生物学家巴斯德等人。

　　"这所学校也为中国培养了大批的著名人士，比如，严济慈、钱三强、陈寅恪、施士元等，其中，施士元是居里夫人为中国培养的唯一一名博士，是'中国居里夫人'吴健雄的老师。"

　　F 机向过去飞行了不到 2 小时，我们就来到了目的地——巴黎大学。

　　下了 F 机，由于与约定好的碰头地点还有一段距离，我们需要在校园内步行一会儿。我们打开手机上的世界智能地图指示栏，按照指示的图标，边看边走。巴黎大学的校园内有古老的建筑、挺拔的大树、平整的草坪、知名学者的名言碑刻，还有比比皆是的壁画、雕塑，置身其中，犹如进入了一个艺术的殿堂。

　　还未到达预订的碰头地点，我们就看到了德布罗意教授，估计他已来了有一会儿了。他不到 45 岁的年纪，衣着朴素，淳厚无华，鬈曲的头发，宽大的额头，散发着一种敦厚谦逊的贵族气质。

　　我们互相做了介绍后，他领着我们走进了物理楼内的一个小型接待室，我们的采访就开始了。P 学生先发言，他说：

　　"尊敬的德布罗意教授，见到你很高兴。我们这次来，是想听一下你是如何提出波粒二象性的。这是一个很重要的观念，是人类认识物质世界的一个重要方面，而且对后续量子理论的发展也

德布罗意

起到了重要的作用。"

"好的。"德布罗意说道:

"自从 1895 年伦琴发现 X 射线后,关于 X 射线的性质研究就成了热门的话题。当时针对 X 射线有两种对立的观点:一部分人认为它就是一束粒子流,而另一部分人则认为它是一种波动。

"给我印象深刻的是英国物理学家 W.H. 布拉格(William Henry Bragg,1862—1942 年)和他的儿子 W.L. 布拉格(William Lawrence Bragg,1890—1971 年),他们用 X 射线对晶体结构进行了分析,获得了许多有价值的成果。W.L. 布拉格是一位天才的物理学家,25 岁时,与他的父亲共同获得 1915 年诺贝尔物理学奖,是最年轻的诺贝尔物理学奖获得者。他在 1911 年发表的一篇论文中写道,'X 射线的能量在运动中不会扩散'。这就是说,它是一束粒子流。

"另一位是德国的著名物理学家 M.von 劳厄(Max von Laue

1879—1960 年），于 1912 年发现 X 射线通过晶体有明显的衍射现象，这是波的行为。他根据此方法分析了物质的微观结构，为后续的物理和生物等学科的发展起到了重要作用，于 1914 年获得诺贝尔物理学奖。

"我综合了他们的看法，提出波粒二象性的观点。之所以提出这个观点，还与我的哥哥莫里斯·德布罗意有关。他是一位物理学家，在 X 射线方面做过较多的研究。他把他位于巴黎拜伦路公爵府邸的一部分房间改为实验室，使他的研究工作可以在自己的家中进行。有了这个便利条件，我也经常去他的实验室做与 X 射线相关的若干实验。

"我的哥哥与 W.L. 布拉格都出席了 1911 年在布鲁塞尔召开的第一届索尔维会议。W.L. 布拉格关于 X 射线的研究引起了我哥哥的关注，后来，我的哥哥也把主要的研究方向转向对 X 射线本性的探索，并有了与 W.L. 布拉格类似的观点。

"我的哥哥于 1913 年 10 月—1914 年 2 月在布鲁塞尔举行的两次国际物理会议上均担任科学秘书。他将 W.L. 布拉格和劳厄在会议上做的 X 射线晶体衍射的专题报告等文件带到家里。我详细了解了文件的内容与会上讨论的情况。这些都让我对 X 射线的波动性和粒子性有了深入的认识，形成了我对 X 射线具有波粒二象性的看法。

"1900 年，普朗克提出了量子概念。1905 年，爱因斯坦又提出了光量子的概念，即光是由能量不连续的 $E=h\nu$ 光量子所组成的，到 1916 年，爱因斯坦又把动量与光量子联系起来，说一个光子若把能量 $h\nu$ 给予一个分子，则分子同时获得的动量将是

$$P=h\nu/c=h/\lambda$$

这都说光的本质属性是波粒共存的，一方面光是电磁波，有干涉、衍射现象；另一方面光又是粒子，有能量，也有动量，而这两种属性，是通过普朗克常数 h 联系起来的。对 X 射线的研究引起了我对波粒二象性的思索，而普朗克提出的量子论、爱因斯坦的光量子假说对我提出波粒二象性起到了更大的推动作用。

"第一次世界大战期间，我被分配到法国军队，担任无线电方面的工作。战争结束后，我回到了巴黎大学，攻读博士学位，开始钻研物理学，并对光的性质进行了更深入的思考。

"1920 年前后，美国物理学家 A.H. 康普顿（Arthur Holly Compton 1892—1962）研究石墨对 X 射线的散射，实验的结果告诉人们，入射的 X 射线完全可以看作具有一定能量和动量的粒子流。

"爱因斯坦用光子理论很好地解决了光电效应问题，这里光是粒子，但又与频率相关；在玻尔的原子理论中，电子的运动与整数相关，而光的干涉现象也是与整数相关的。这就是说，对于物质和辐射，尤其是光子，需要同时引进粒子和波的概念。

"光具有波动性与粒子性，这两种行为都有大量的实验支持，光既然具有波粒二象性，其他物质粒子是否也有这样的性质呢？1923 年夏天，我突然萌发了一个想法，能否把光的波粒二象性推广到整个物质粒子呢？

"有了上面的想法，我在 1923 年 9 月—1923 年 10 月，连续在《法国科学院通报》上发表了三篇有关波和量子的论文。9 月 10 日，我发表了第一篇《辐射——波和量子》的论文。在这篇论文中，我提出了实物粒子也具有波粒二象性，并引入一个与运动粒子总是相随的、结合在一起的波动。

"我在这篇论文中写道——整个世纪以来，在光学里，比起波动的研究方法，是不是过于忽略了实物粒子的研究方法？针对实物粒子的理论，是否发生了相反的错误呢？是不是我们把实物粒子的图像想得太多而过分忽略了波的图像？

"我的看法是，'任何物质都伴随着波，而且不可能将物质的运动和波的传播分开。'

"过了两周，9月24日，我写了第二篇论文，题目是《光量子，衍射和干涉》，这篇论文是对第一篇论文的补充，它阐述了与运动粒子相随的波是什么样的波，且说明了与运动粒子相随的波是非物质的，是与运动粒子的周期运动具有同相位的一种波，因此我把它称之为相波。我还在此文中提出如下看法——在一定情形中，任一运动质点，比如，电子，它通过一个足够小的小孔时，就会出现衍射现象。

"又过了十几天，10月8日，我发表了第三篇论文《量子、气体运动理论以及费马原理》。在这篇文章中，我更加明确地提出了波粒二象性的思想。我假定任何运动的实物粒子都有相随的相波，其频率与波长由粒子的能量和速度来决定。

"在此文中，我还说到了几何光学和经典力学的类比。在几何光学中，费马原理说光总是走用时最小的那条路径；在经典力学中，最小作用量原理说一个质点在无摩擦的情况下，运动的路径总是取作用量的最小值。这两个原理，内容相近，数学形式相似，可以体味出波动与粒子之间似有一种对应，这是一种自然界的对称美。

"完成上述文章后，我投入了博士论文的写作。1924年夏天，我用上面3篇论文作为博士论文的基础，完成了题为《量子理论的研究》的博士论文，论文共有 7 章。

"这篇论文的第 7 章指出，对于通常情况下的气体分子或质点，其相波的波长为

$$\lambda = h/m\nu = h/p$$

这就是相波的波长与动量的关系式。其中 λ 表示波长，h 表示普朗克常数，p 表示粒子的动量。这是把爱因斯坦关于光量子的公式移植到了这里。根据这一关系式，就可以知道，粒子的动量越大，其波长越短；反之，动量越小，波长越长。这意味着在微观粒子的世界中，波动性与粒子性相互关联，共同决定了粒子的行为。

"在玻尔的原子理论中，为了解决电子在轨道上运转会辐射能量而坠入到原子核中的问题，他加入了一个没有任何根据的条件——在稳定轨道上运转的电子不会向外辐射能量。

"在论文中，我把相波的概念运用于电子绕核运动的闭合轨道。提出了电子绕核运动的轨道的周长应当是与电子相对应的相波波长的整数倍，即与电子对应的相波是一列驻波。根据这个假定，我很方便地导出了玻尔的量子化条件。这是我的波动理论能够成立的一个很好的证明。

"在我的论文中，提出了电子会发生衍射的预言。如果一个电子从相当于它的相波波长的小孔通过，那么它运动的轨迹就会拐弯，出现衍射现象。

"1924 年 11 月 25 日，我在巴黎大学进行了论文答辩。

"我的论文答辩委员会是由 J.B. 佩兰（Jean Baptiste Perrin，1870—1942 年，法国试验物理学家，1926 年诺贝尔物理学奖获得者）、P. 朗之万（Paul Langevin，1872—1946 年，法国物理学家）等著名

物理学家组成的。他们认为我的论文很有创意，但由于当时还没有任何实验支持，对于相波存在的真实性表示怀疑。当时，答辩委员会的主席佩兰就问我，'你提出的波如何能用实验来证明呢？'我很自信地回答说，'用晶体对电子的衍射实验是可以做到的。'

"我的波动理论，最初并没有受到物理界的重视。我的导师 P. 郎之万将我的论文复印本寄给了爱因斯坦。爱因斯坦在 1924 年 12 月 26 日给 P. 郎之万的回信中对论文给予了高度的评价——'这是揭开了大幕的一角'。次年 1 月，爱因斯坦在柏林科学院的会议周报上发表了一篇文章，推荐了我的论文。爱因斯坦的支持不但使我通过了答辩，也使整个物理界因我的论文得到爱因斯坦的赞誉而为之一惊，开始全面关注起我的工作来。

"这篇论文在 1925 年的《物理学年鉴》中发表。很幸运的是，也正是由于这篇论文，我获得了 1929 年诺贝尔物理学奖。这也是有史以来第一位仅凭一篇博士论文就获得诺贝尔奖的。

"在 1926 年，薛定谔发表了他的第一篇波动力学论文，文中曾清楚地表示，他的这些考虑的灵感主要来自我写的这篇论文，我的论文对他建立波动方程起到了作用，这使我感到欣慰。

"最早从实验上证实电子衍射现象的是 C.J. 戴维森（Clinton Joseph Davisson，1881—1958 年，美国实验物理学家，1937 年诺贝尔物理学奖获得者）和 L.H. 革末（Lester Halbert Germer，1896—1971 年，美国物理学家）。1926 年，他们将电子枪射出的电子束投射到镍单晶体的表面上，研究散射电流与轰击电压和散射角的关系，确定了这就是电子衍射的结果，经过定量计算后，也证明了我的波长公式是正确的。1927 年 4 月，他们把实验结果

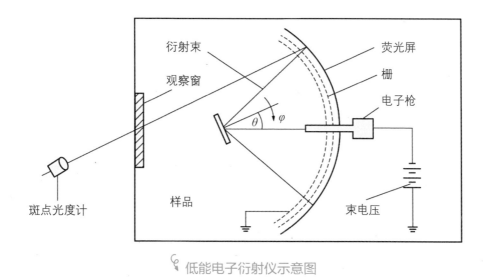

低能电子衍射仪示意图

公布在《自然》杂志上。

"1927 年，英国 J.J. 汤姆逊之子 G.P. 汤姆逊也完成了电子衍射实验，他用高能电子束透射金属薄层，很快就看到了衍射环，根据这些圆环的半径就可以计算出电子的波长，通过实验算出的波长，与用我给出的公式计算出的结果完全相符，从而证实了电子的波粒二象性，G.J. 戴维森和 G.P. 汤姆逊也因此同时获得了 1937 年的诺贝尔物理学奖。"

"关于我的波粒二象性思想，要讲的就是这些内容，谢谢你们的倾听。"

采访到此结束了，德布罗意热情地与我们一一握手道别。

采访结束后，我们回到 F 机上，W 教授开始了他的发言。他说：

"按照德布罗意的观点，任何物质都伴随着波，而且不可能将物质的运动和波的传播分开来。比如，地上奔跑的狗，空中飞行的鸟，运行中的地球、月亮等，都具有波动性，只不过是这些物

71

体的波长都非常短，从而它们的波动性不能被人们察觉到，比如，当你以每秒 1 米的速度步行时，你的波长只有 10^{-35} 米，这个波长实在太短了，因此完全没必要把自己当作一列波，你也不用担心因为波的衍射而不能走到自己要去的地方。

"关于德布罗意波的具体含义，1929 年 12 月 11 日，在对德布罗意的授奖仪式上，诺贝尔物理学奖委员会主席奥西恩感慨地做了形象的说明，他说，'如果诗人们把我们的人生是波改为我们是波'，那就道出了对物质本性最深刻的认识。

"这里要特别说明的是，德布罗意提出的相波这个概念，并没有清晰的表述，尤其是对于'相波'中的'相'阐述并不清楚。所以在他的博士论文结尾处特别声明'我特意将相波和周期现象说得比较含糊，就像光量子的定义一样，可以说只是一种解释，因此最好将这一理论看成是物理内容尚未说清楚的一种表达方式，而不能看成是最后定论的学说。'

"还要说明的是，这里相波是非物质的，是一种权宜的说法，它不是量子理论中所说的物质波，而物质波的概念是由薛定谔提出来的。究竟微观客体是粒子还是波，这还是一个很难说清楚的问题。"

W 教授又说：

"德布罗意一生从未结婚，一辈子单身。他喜欢过简朴的生活，卖掉了贵族世袭的豪宅，住在平民小屋。他深居简出，是个工作狂。他喜欢步行，或搭的士出行，不曾拥有私人汽车，对人彬彬有礼，绝不发脾气，是一位顶级的贵族绅士。

1987 年 3 月 19 日，德布罗意逝世，享年 95 岁，是 19 世纪出生的物理学家中最长寿的一位。

我们从北京出发，向过去飞行了约 2 个小时。

登机后不久，H 学生就这次采访的对象做了介绍。他说：

"今天，我们采访的对象是德国理论物理学家海森堡，量子力学的主要创始人，也是我们后面要提到的哥本哈根学派的代表人物。他于 1901 年 12 月 5 日出生于德国维尔茨堡，他的父亲是名噪一时的语言学家和东罗马史学家及慕尼黑大学的教授；母亲娴静大方、热情好客，且受过一定的教育。他从小就生活在一个具有较高学术修养和文化层次的家庭中。

"海森堡就读的中学是著名的慕尼黑麦克西米学校。前面我们采访过的普朗克，也就读于这所中学。中学时，海森堡迷上了数学，并且很快掌握了微积分。

"1920 年中学毕业后，他进慕尼黑大学攻读理论物理，老师是著名的物理学家 A.J.W. 索末菲和 W. 维恩。1923 年，海森堡在慕尼黑大学获哲学博士学位，后到哥廷根大学做 N. 玻恩的助教。

"1925 年，23 岁的海森堡在别人的帮助下创立了矩阵力学，两年后，又提出了不确定原理。由于对量子理论的贡献，他于 1932 年获得诺贝尔物理学奖，成为 20 世纪继爱因斯坦之后最有作为的科学家之一。"

H 学生又说：

"我们今天采访的地点是德国的莱比锡大学，它是一所古老的大学，始创于 1409 年，距今已有七百多年的历史。这所大学名人辈出，比如，莱布尼茨、歌德、尼采等都出自该校。海森堡于 1927 年至 1942 年在该校担任理论物理学教授。"

讲着，听着，我们已到达目的地。

德国邮票 莱比锡大学 600 周年校庆

出了机舱，映入我们眼帘的是秀丽的校园风光与巍峨雄奇的建筑。不久，海森堡教授大步走上前来，与我们热情握手。他一脸的微笑，有一种超尘拔俗的气质，俊朗的面颊、聪慧的双眼，给人一种安静、友好、含蓄、忠恳的印象。

他引导着我们，边走边说，说这里的气候，介绍学校的情况，不知不觉，我们来到了一个小型的接待室。这里窗明几净，给人

费米 海森堡（中）泡利（右）

一种温馨而又舒适的感觉。

大家坐好后，我们的采访也就开始了。

P 学生说："尊敬的海森堡先生，感谢你能在百忙中拨冗接待。我们这次采访的目的，就是想聆听你是如何建立矩阵力学、提出不确定原理的。"

"好的。"海森堡说：

"我在大学时就对玻尔的原子模型持怀疑态度。虽然这个原子论解决了许多问题，然而，我总觉得电子的轨道并没有被观测到，原理论就建立在这个并不存在的虚幻概念之上，这样的理论一定是有缺陷的，而且人们观测到的光谱线，只反映了假想的电子轨

道之间的关系，并不是电子轨道本身。

"1922 年，我读大学二年级，当时鼎鼎大名的玻尔应邀到哥廷根大学做一系列关于原子物理的演讲，而且每次演讲后都留有一定的时间进行讨论交流。我陪同老师索末菲也去哥廷根大学听玻尔的演讲。在一次讨论中，我对玻尔的某些论点当面提出了质疑。讨论结束时，玻尔约我一同去郊外散步。我俩边散步边聊天，主要针对当时的原子论，从物理学和哲学两个层面进行了一次全面、彻底的讨论。这让我想到，建立新理论必须以观测到的量为出发点，这一看法对我后面的工作起到了决定性的作用。

"散步结束时，玻尔热情地邀请我去哥本哈根做研究。

"1923 年我获得博士学位，先到哥廷根玻恩那里工作，1924 年冬，我来到了哥本哈根。就是在这期间，我开始思考能否建立一个更好的原子模型。

"1925 年 6 月，我染上了花粉病，这是一种对花粉强烈过敏的鼻炎。于是，我选择夏天去北海的一个叫黑尔戈兰的小岛上度假，想让清新的空气、舒适的海风使我早日恢复健康，就在那里我不断地思考如何建立新的量子理论。

"一天，我拿着近两年里其他物理学家发表的大量的光谱实验数据，尝试着能否找到一个新的模型来解释它。我当时的主要想法是，需要改变看待原子中电子的运动方式，虽然根据光谱线可以假设轨道的存在，但轨道是不可观测的，我必须放弃它，而光谱线是与电子释放和吸收的能量直接相关的，是发生在原子内部唯一可观察到的数据，我必须以观测到的量为基础，来建立我的理论。

"在玻尔的原子模型中，能观测到的就是电子在不同能级之间跃迁呈现的谱线，并由此确定能级之间能量的差，这样，频率必定与两个能级相关，是两个能级的函数，用傅里叶级数展开，由两个能级展开的各种频率，可以写成一个二维的表格。我隐约地认为原子世界就是由这张表格决定的。

"在黑尔戈兰岛的那段时间，我就在不断尝试做好这张表格，而且希望通过这张表格，计算出玻尔在原子论中的数据。

"通过不懈的努力，我的计算成功了。我似乎从这张表格的计算中，看到原子内部一个异常美丽的世界，感到大自然在我的面前慷慨地把全新的、内涵丰富的数学结构铺展开来，这使我的内心激动不已。

"这已是凌晨 3 点多了，虽然周围是那样的宁静，但我是无论如何都睡不着了。我走向岛的南端，好几天来我一直希望能爬到伸出海面的那一块大石头上，也许是受到内心成功的强大鼓舞，我浑身充满了力量，不怎么费劲就爬上了那块大石头，我眺望东方，静候太阳的升起。

"我的第一篇论文就这样写了出来。论文的题目是《关于运动学和动力学的量子论的新解释》。

"对于这篇论文，我并没有把握，于是把论文留给了玻恩老师，并对老师说'如果没有价值，你就把它烧掉。'据说，老师一眼就看出了这篇论文的重要性。他对论文稍加整理后，于 1925 年 7 月寄给了《物理期刊》杂志社。

"过了几天，玻恩老师还告诉我，我论文中傅里叶展开的系数的数集，不能当通常的数来处理，是可以用数的列阵——矩阵来表示的。

　　"矩阵是一种数学理论，我当时不懂，玻恩老师也生疏，为了能用矩阵来表述这个理论，需要找到一位熟悉矩阵的人。事情也凑巧，1925 年暑假，玻恩老师从哥廷根乘火车去汉诺威，在车上居然遇到了熟悉矩阵运算的哥廷根大学数学系的年轻助教 E.P. 约旦，他愿意参与这项工作。9月，他俩合作写出了论文《关于量子力学 I》。在这篇论文中，他们用矩阵来表示级数展开坐标和动量系数的数集。

　　"紧接着，他们通过信件与我多次联系，继续进行了这项工作。终于，在 1925 年年底之前，我们三人合作发表了论文《论量子力学 II》，建立了量子力学的矩阵力学，正式宣告量子力学的矩阵表述正式诞生。

　　"此论文公布后，我的大学同学泡利，首先用它来处理氢原子光谱，算出的结果与实际完全相符，证明了新理论的正确性。接着，人们用它来处理过去令人困惑不解的若干原子问题，都获得了成功，于是，这一理论很快就在物理界传开了。

　　"矩阵力学发表后，我经常在思考位置与动量的不对易问题。两年后，我发表了《量子理论运动学和力学的直观内容》一文，提出了'测不准原理'。这个原理是说，人们不可能同时准确地测得一个微观粒子的位置和速度，而且，其中一个量若测得越准确，则另一个量就越不准确。这是在经典物理学中不可能出现的一个令人惊奇的看法。

　　"人们考察牛顿力学，会得到这样一种结论——如果能预先测量到自然界中每个粒子在任何时刻的位置和速度，那么，对于整个宇宙的历史，无论是过去，还是将来，原则上来说都是可以计算出来的。这也是法国数学家、天文学家拉普拉斯在 18 世纪末提出的一个影响深远的看法。然而，测不准原理认为这两个量不能同时测准，就是直接否定了经典力学给出的这个结论。

"在我们建立的矩阵力学中，用数集表示的物理量 x 和 p 是不对易的，这种不对易，隐含着什么深刻的物理思想，我当时没有清醒的认识，但在与爱因斯坦的一次谈话后，我得到了启发。

"1926 年春，我应柏林大学物理系的邀请去介绍我新建的量子力学，当时，爱因斯坦在柏林大学任职。我的发言引起了他的关注。会后，爱因斯坦邀我与他一起散步，我们边走边聊。这次谈话对于我来说，就像 1922 年与玻尔的谈话一样，既是一次重要的思想交流，又是一次思想的突破。

"我说，一切好的理论必定是建立在可直接观察到物理量的基础上的，我的理论就是这样建立起来的。爱因斯坦微笑着说，我们实际观察到的东西可能会对建立一个理论有启发，但是反过来，理论也会告诉我们可能会观察到什么，使我们从理论中推断出可能会出现的基本现象。这些话，给我留下了深刻的印象，也让我找到了上述两个物理量不对易的解释。

"我从 x 与 p 的不对易，导出了一个式子，这个式子是这样的：

$$\Delta x\, \Delta p \geqslant h/4\pi$$

这是一个理论上的结果，它应当具有这样的意义——如果有一个粒子（比如电子）沿一维 x 轴运动，假如你能够同时对这个粒子进行位置或动量的测量，那么你会发现，电子的位置是在一个不确定的范围 Δx，它的动量也是在一个不确定的范围 Δp，而且这两个不确定的范围是相关的，不是独立的，二者不确定范围的乘积

要大于一个常数 $h/4\pi$。

"当 Δx 变小时，Δp 就会变大。这就像有一块地，这块地的两个边长是 Δx 和 Δp，这块地的面积总也不会小于 Δx 与 Δp 的乘积——一个不变的量 $h/4\pi$，而当任一边长增大时，则另一个边长将一定变小，这实际上是确定了一个量子客体其运动的不确定性范围或疆域。

"这当然不是说，我们能真实地去测量并证实这个结果。这是从理论上得到的一个推论，但这个推论的意义却是重大而深刻的，反映了量子世界粒子运动过程出现的重要特征，揭示了描述粒子运动的两个力学量是相互关联的。由于这种关联生成的不确定性与如何去进行测量，或者如何去提高仪器的测量精度均无关系，或者说，这是与具体如何测量无关的一个结论，这是量子世界里每个成员均具有的一个固有的特征。

"为什么会具有这样的特征呢？在我们日常的经验中，观察一个对象，测量它的某些性质，可以做到测量的过程不会对被测对象产生明显的影响，比如，用温度计测量人的体温，温度计从人体获得的微小热量是不会对测量的体温结果造成什么影响的；一个乒乓球馆内，因为光压可以忽略，灯光不会对乒乓球的运动轨迹产生什么影响。

"但是，在原子世界，我们就不能忽略由于使用了测量设备而产生的对测量结果的影响。因为能量在原子这个量级上实在是太小了，哪怕是使用最微型的、最温婉的测量手段都会对测量的对象产生大幅度的扰动，这样我们就不可能得到未测量之前客体的状态。观测者与他使用的仪器成为观测过程中一个不能分割的部分，所以在观测中就不可能看到纯粹的、不受测量干扰的现象本身。观测者与被观测对象之间，一定存在着一个不可避免的、不确定的相互作用。

"为了能更好地理解微观粒子的这个特征，理解不确定原理，我做了一个思想性实验。这是一个试图同时测量电子位置和速度的实验，但这个实验的结果显然是受到了不确定原理的制约。

"这个实验是这样的——假设有一台能发射γ光子作为照明光源的显微镜。我们都知道，这个显微镜观测的清晰度取决于γ光子的波长。波长大，则分辨率就低；波长小，则分辨率就高。

"假想有一个电子，静止在那儿，我们用一架γ光子显微镜对电子的位置和动量同时进行测量。测量的方式只能是这样的，用γ光子照射这个静止在那儿的电子，被电子反射回来的γ光子携带了电子的相关信息（主要是反射的角度），通过对这些信息进行分析和计算，就可以得到电子的位置与动量。

"我们来分析一下这个实验。这里γ光子对电子的照射，可以设想成一次弹性碰撞。碰撞发生时，被碰撞的电子一定会动起来，这时γ光子的反冲与电子静止不动时发生的反冲就有了差别，这就会使γ光子传递给显微镜关于电子位置和动量的信息，与电子位置不动时的反射的信息有了差异，显微镜测量到的电子的位置和动量也就出现了偏差。

"我们能否采用一些方法，使之不出现偏差，或者尽量使得偏差变小呢？

"如果γ光子的频率变小（能量变小，波长变大），它与电子之间的撞击就变缓和了，电子动量的变化会较小，但显微镜的分辨率就会降低，位置的不确定量将会增大；如果 γ 光子的频率变大（能量变大，波长变小），显微镜的分辨率虽然增大了，可以更好地确定电子被光子打击时的位置，但电子由于受到很强的冲击，就不知被撞到哪儿去了，其动量就更加不确定了。

"总之，通过较短波长的光我们可以准确地确定电子的位置，但会对它的速度产生很大的影响；若通过较长波长的光，我们可以准确地确定电子的速度，但不能准确地确定它的位置。如果我们使用中等波长的光，对电子进行观测，电子的轨道显然不能是一条清晰的线，只能是一条具有模糊边界的带。因此，在原子的量级上，不可能同时获得电子的位置和速度的准确测量值。

"电子的位置和动量的测定，总是在一个相互制约的范围内，测量的精确度会有相互的限制，而不可能被降到一个确定的范围。

"这当然不是一个真实能做的实验，但这个实验的分析是有道理的，位置和动量就是不能同时测准的，因此当时就称这个原理为'测不准关系'，后来发现这个关系具有更大的普遍性和更加深刻的内涵，就改称'不确定原理'。

"这里要说明的是，不确定原理在宏观世界中是完全不用去考虑的。因为普朗克常数是一个极小的量，考察一个质量为 1 毫克的粒子，按照这个原理，它的位置可确定在万亿分之一厘米，同时将它的速度确定为万亿分之一厘米每秒，即使在考察显微镜级别的对象时，也是完全可以忽略的。

"关于量子理论，我做的主要工作就是这两个方面。至于矩阵力学的建立，事实上是我们三人一起完成的。关于测不准原理，是发现了量子世界的粒子一个固有的特征，这也是受到了爱因斯坦的启发。"

海森堡最后说：

"这些内容，也许大家早就知道了，我讲这些，耽误大家的时间啦。

他与我们热情地握手，把我们一直送到 F 机上，还向我们打听关于 F 机的许多情况。P 学生向他做了介绍。

回到 F 机上，休息了一会儿，W 教授开始了他的讲话，他说：

"海森堡是量子力学的创始人之一。他提出的不确定原理，物理内涵丰富，哲学思想深刻，揭示了人类认识物质世界的一个限度，引导人们更深层次地理解物质世界。一生中他还撰写了一系列物理学和哲学方面的著作——《原子核科学的哲学问题》《物理学与哲学》《自然规律与物质结构》《部分与全部》《原子物理学的发展和社会》等，为现代物理学和哲学做出了不可磨灭的贡献。

"1976 年 2 月 1 日，海森堡安详地离开了他的亲人和朋友，离开了这个他深爱的世界，躺在慕尼黑市郊的一片森林中，与他的父母葬在一起，享年 75 岁，其墓志铭写的是，我长眠于此，却无处不在。"

W 教授又说：

"下面，我说一说海森堡访问我国的一些事情。

"他有一次中国之行，时间大概是 1929 年 9 月 20 日。海森堡到上海访问，这是继 1922 年爱因斯坦访问上海之后，第二位访问中国的大科学家。海森堡到上海后，曾到国立中央研究院物理研究所参观。由于海森堡在上海停留时间短暂，且海森堡尚未成名，物理研究所刚刚成立，缺乏与国际交流的经验等诸多原因，媒体

🔖 海森堡墓碑碑文 左上为海森堡的父亲，右上为他的母亲，中间为海森堡，下方为他的妻子伊丽莎白

对海森堡的中国之行并没有详情报道。

《科学》杂志第 14 卷 3 期（1929 年 11 月出版）简单地报道了海森堡的上海之行，……现研究院已聘其为名誉物理研究员云。在我国，聘为名誉物理研究员的，海森堡是中国近代物理史上第一人。

"北京大学原校长、中国科学院院士周培源是和海森堡接触的第一位中国人。1928 年 10 月，已经获得博士学位的周培源来到莱比锡大学，在海森堡的指导下学习、工作了 5 个月。周培源比海森堡小一岁，两人都喜欢打乒乓球，相处得十分融洽。1974 年夏天，周培源率领中国科学院代表团访问西德，与海森堡在慕尼黑相见，久别重逢，相聚甚欢。"

采访对象：埃尔温·薛定谔

采访时间：1945 年

采访地点：爱尔兰 都柏林高等研究院

登机后不久，H 学生向我们做了相关的介绍。他说：

"我们今天采访的对象是奥地利物理学家埃尔温·薛定谔，量子力学的奠基人之一，他还发展了分子生物学。

"1887 年 8 月 12 日，薛定谔出生在奥地利维也纳一个手工业者的富裕家庭。他的小学学业基本上是由一位家庭教师一周两次到家授课完成的，在中学读书时，他兴趣广泛，多才多艺，喜爱诗歌、戏剧，有艺术家的气质，还对古希腊哲学非常感兴趣，但特别倾心于数学和物理学。

"1906 年，他以优异成绩考入维也纳大学物理系。他一直就读于该校，直至 1910 年获得博士学位。毕业后，他仍在该校的第二物理研究所工作。

"维也纳大学是一所历史悠久的世界名校，始建于 1365 年，是德语国家中最早建立的大学。自 1850 年后，在维也纳大学任教的具有国际声誉的物理学家有 C.A. 多普勒（奥地利数学家和物理学家，提出了著名的多普勒效应）、J. 斯忒藩（斯洛文尼亚物理学家，提出了斯忒藩—玻耳兹曼定律）、E. 马赫（奥地利物理学家，在物理学、生理学和哲学上有重大贡献，对爱因斯坦产生了重要影响）、L. 玻耳兹曼（奥地利物理学家，统计物理奠基人之一，他

的思想对普朗克发现量子产生了重要影响）、F.r.哈泽内尔（奥地利理论物理学家，薛定谔的老师）等。雄厚的师资、浓厚的学术气氛、久远的学术传承、丰富的藏书、优美的环境，这些都为薛定谔的成长提供了优越的条件和广阔的发展空间。下图是纸币上的维也纳大学。

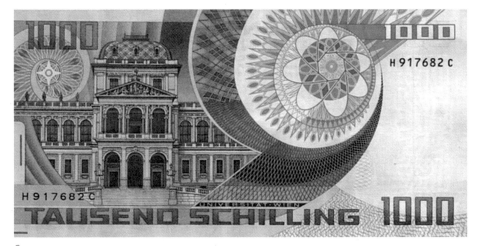

奥地利 1000 先令纸币背面的维也纳大学

"在第一次世界大战期间，薛定谔服役于一个偏僻的炮兵要塞。在服役期间，他利用闲暇时光研究理论物理。战后，他又回到母校的第二物理研究所工作。

"到了 1921 年，他受聘于苏黎世大学任数学物理学教授，在那里工作了 6 年，薛定谔方程就是在这一期间提出的。这个方程是薛定谔一生中最重要的成就，也是波动力学的基本方程，它反映了微观体系的状态随时间变化的规律。陈列在维也纳大学主楼走廊的薛定谔雕塑下方镌刻着这个方程。正是由于新型原子理论的

薛定谔

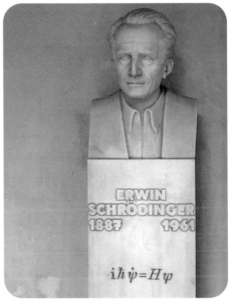

奥地利维也纳大学摆放的薛定谔雕像

发现和应用，他获得了 1933 年诺贝尔物理学奖。"

F 机向过去飞行了不到 2 个小时，就发出了语音提示：已到达目的地。下机后，我们看到一幢宽大明亮的长方形大楼，它就是都柏林高等研究院。

不一会儿，薛定谔先生快步走了过来。他年近花甲，但步履轻健，精神抖擞，瘦长的脸颊上架有一副眼镜，看似是一位平常的学者，却透着一种大学者、大智者的风范。

他与我们热情地握手后，就领着我们走进了研究院的大楼，来到一个小型的接待室，待我们坐定后，采访就开始了。

P 学生说："尊敬的薛定谔先生，很高兴你能给予我们这次采访的机会。你建立的方程在科学、技术等方面都产生了深远的影

奥地利 1000 先令纸币上的薛定谔头像

响，与方程相关的论文已有几十万篇，我们很想听你讲一下，如此神奇的方程，你是如何建立起来的。"

薛定谔说："好的，下面我就把这个方程的建立过程说一下。"

"1921 年，我刚到苏黎世大学任教时，主要研究热力学和统计力学。在后来的教学工作中，我要求自己必须尽快地熟习玻尔的原子理论，这就使我对玻尔的原子理论和早先的量子理论有了较深入的了解。

"通过一段时间的思考，我把原子的能级理论、L.V. 德布罗意的物质波思想、W.R. 哈密顿的经典力学理论和几何光学中的数学相似性结合起来，形成了我的波动力学概念，到了 1925 年底，我就有了要建立量子力学波动方程的想法。

"在 1926 年，我连续在《物理杂志》上发表了四篇论文。这四篇论文有一个总的题目——《作为本征值问题的量子化》，就是这几篇论文，使我完成了波动力学的创建工作，建立了我的方程，也是第一次在物理世界出现了'波动力学'这个名词。

"这个方程，归结起来看，我是从三个方面做了深入的思考，汲取灵感而建立起来的。下面就做些介绍。

"第一，是关于原子能级的理论。

"我在研究玻尔的原子模型时，就感到他的量子化条件不能令人满意。在我的论文《作为本征值问题的量子化》的第二部分，指出玻尔的量子化条件具有人为设定和不好理解的成分。因此，我想建立一个方程，期望求解这个方程的本征值，这样就能得到一组分裂的本征频率，自动生成量子化结果。

"第二，L.V. 德布罗意关于相波的思想对我有影响。

"1925 年秋夏之际，我读了 A. 爱因斯坦和印度物理学家 S. 玻色（Satyendranath Bose, 1894—1974 年）关于量子统计的两篇论文，此文提到了德布罗意的假说，这启发了我用新的观点去研究原子结构的想法。10 月，我又读到了德布罗意的博士论文，这使我更加深入地想研究德布罗意的相波思想。就在那年 12 月 15 日，我写了《论爱因斯坦的气体理论》一文。文章一开头就指出，如果不考虑运动粒子的波动理论，解决问题的其他途径是没有的。

"就在这篇论文中，我对德布罗意的思想进行了两处改进，一是不再把德布罗意的'相波'作为随粒子运动的一种周期现象，而认为电子之类的微观客体本身就是物理上真实存在的波，我把它叫作'物质波'。我要建立的就是关于这个物质波的波动方程，从方程中解得描述物质波状态的波函数；二是不再把德布罗意的相波作为绕核运行、形成稳定轨道的驻波来处理，而是把它看作

是受边界条件限制而形成的驻波，并提出了新的'驻波图像'，求得波函数的本征值，从而自然地获得量子化的条件。

"第三，我从经典力学理论和几何光学的对比中，发现了对应于波动光学的波动力学。

"早在19世纪30—40年代，哈密顿通过类比光学与力学，发现了经典力学与几何光学的相似性。在我的论文《作为本征值问题的量子化》的第二部分，一开始就指出，'哈密顿理论和波的传播有着内在的联系，不是一个新的概念，这个概念不仅是哈密顿本人所熟知的，而且是他的力学理论的出发点，这也是形成我的波动力学概念的渊源之一。'

"我进一步发展了哈密顿经典力学和几何光学理论的类比思想，提出了微观力学的过程就是波动过程的论断，从波动光学与波动力学的物理相似性出发，实现了由波动光学向波动力学的过渡，得到了我的方程。

"当我的波动力学问世之后，量子理论就有了波动力学与矩阵力学两种形式。赞同这两种形式的人开始时互不服气，互相批评。之后，我认真地分析了矩阵力学，找到了两种理论的内在联系，二者本质上是一样的。1926年3月，我写了《关于海森堡、玻恩和约旦的量子力学与薛定谔的量子力学的关系》一文，在这篇论文中，证实了矩阵力学和波动力学的等价性，可以通过数学变换从一个理论转换到另一个理论。

"事实上，这两个理论都是以微观粒子具有波粒二象性的实验为基础，再通过与经典理论的对比建立起来的，后来人们就将波动力学和矩阵力学统称为量子力学。

"这就是我建立方程的大致思路。"

P 学生接着又提出一个问题：

"尊敬的薛定谔先生，你是一位物理学家，居然能写出一本关于《生命是什么——活细胞的物理面貌》的书来，而且对生物界产生了很大的影响，我们感到很好奇，希望你能介绍一下写出这本书的相关情况。"

薛定谔说：

"好的，我来说一下关于《生命是什么——活细胞的物理面貌》这本书。

"可以这么说，能写这本书，与我来到都柏林有关。

"我到都柏林来，完全是那个时代的浪潮把我推到了这儿。1927 年，我到柏林大学接替普朗克担任柏林大学教授。1933 年，由于厌恶纳粹专政，我就离开德国到英国。1936 年，我又冒冒失失地回到奥地利，担任格拉茨大学物理教授。不到两年，奥地利被德国吞并，我又陷入困境，到处颠沛流离。到 1938 年，我转到爱尔兰的首都都柏林，经友人举荐到都柏林高等研究院从事理论物理研究，想不到在这里一待就是 17 年。

"爱尔兰的都柏林，风光秀丽，景色宜人。我在这安静的环境中过着田园诗人般的生活。这使我不再局限于对纯粹物理问题的研究，而致力于对大自然和谐、统一的思考。《生命是什么——活细胞的物理面貌》一书就是这些思考的结晶。

"我作为典型的维也纳人，也许具有一种特质，善于在科学工作中吸纳和综合不同学科的特色，发现不同领域之间的关联，然后建立新理论。我的同乡 S.弗洛伊德把医学和心理学的研究方法结合起来，创立了精神分析学派；我的又一位同乡 G.J. 孟德尔把组合数学的方法引入生物学，成为遗传学的奠基人。

"我以一个理论物理学家的眼光，对遗传机制、生命现象等问题发表了见解，写了这本书，也算是开拓了此领域一个新的研究途径。

"我提出了生物的基因大分子是一种由同分异构元体（组成的元素一样，但结构不同）连续组成的非周期性晶体，像稳定的晶体结构一样，它的稳定是由于原子间的一种化学键的作用。这些元素的排列浓缩了涉及有机体未来发育的精密的'遗传密码'，能在很小的空间范围决定复杂系统未来的发展与变化。

"我还提出了基因突变的看法，所谓基因突变实际上是由于基因分子中的量子现象所引起的。这种变化在于原子的重新排列，并导致了一种同分异构分子的出现。这种变化要有较高的能量支持且概率极小，是一种自发的突变，是自然选择的基础。

"书中还用熵的概念解释了生命现象。

"我首先把生命看作一个热力学系统，从分子水平来探讨生命特点，用'负熵'概念来揭示生命本质。我把生命有机体看作一个'活'的开放系统，这个系统之所以是'活'的，就是因为系统能从外界吸纳'负熵'，使自身保持在一个稳定的低熵水平上，维持自身的呼吸、生长、新陈代谢等运动，延缓向热平衡态的过渡。

"应当说，在我之前的物理学家没有用物理学思想和方法去涉及有生命的物质，《生命是什么——活细胞的物理面貌》是把有生命的物质也作为物理学研究的对象，这应当是物理学发展中的一种尝试。"

"这个问题，我就讲这些吧，你们还有什么想让我讲的吗？"

时间不早了，我们结束了这次采访，与薛定谔先生握手言别。

登机后，W 教授开始了他的讲话。他说：

"1925 年，海森堡等人提出的矩阵力学缺乏明确的物理图像，数学计算复杂，适用的情形很有限，而薛定谔的波动方程，相比于海森堡的矩阵代数，是许多物理学家更加熟悉，也更愿意接受的数学形式。波动力学一经问世，立刻受到物理界的广泛赞誉，尤其是受到了普朗克、爱因斯坦等重量级物理学家的称赞。普朗克指出，'方程奠定了近代量子力学的基础，就像牛顿、拉格朗日和哈密顿创立的方程在经典力学中所起的作用一样'。爱因斯坦给薛定谔去信，信中说，'能得出你这个想法的人是一个真正的天才'。

"薛定谔方程解得的波函数描述了原子核周围电子的分布情况，从而取代了核周围电子的圆形或椭圆形的轨道，此方程解得了氢原子的能级和谱线的频率，更复杂的原子和分子的量子理论也可以参照氢原子的方法，对于碳原子、氢分子，甚至一个 DNA 的分子都可以建立相应的薛定谔方程，求出相应的量子态与能级。薛定谔方程是量子力学的基本方程，它揭示了微观物质世界运动的基本规律，是原子物理学处理一切非相对论问题的有力工具，在原子、分子、固体物理、核物理、化学等领域被广泛地应用。

W 教授又说：

"这里有必要顺便介绍一下 P.A.M. 狄拉克（Paul Adrien Maurice Dirac，1902—1984 年）的工作。

"狄拉克是英国的天才理论物理学家，比薛定谔小 15 岁。他

狄拉克的板书

提出了变换理论，从矩阵力学出发，导出了薛定谔方程，从而自洽地证明了矩阵力学与波动力学的等价性。

"狄拉克又进一步研究了相对论情况下的电子应当满足的方程，将相对论原理与量子力学相结合，从而使量子力学有了更加完整的体系，这就是著名的狄拉克方程。从此方程可引申出反粒子、狄拉克真空等重要概念，这些概念极大地加深了人们对物质世界的认识。因此，他也成了粒子物理、量子电动力学的奠基人。

"1930 年，狄拉克对他发展的量子理论做了总结，完成了《量子力学原理》一书，描述了狄拉克对量子力学的个人见解，深刻而简洁地提出了量子理论完整的数学方法。由于狄拉克对量子理论的贡献，于 1933 年与薛定谔同时获得诺贝尔物理学奖。狄拉克提出的'可能存在磁单极'假说，虽然在实验上未得到证实，但仍是引人关注的基本理论问题之一。"

W 教授又说：

"下面，我们再来说一说薛定谔。1944 年，薛定谔著《生命是什么——活细胞的物理面貌》一书，出于对科学统一的信念，他用量子力学和热力学去剖析奇妙的生命现象，并引入了'遗传密码''负熵''非周期性'等概念，试图以此来诠释什么是生命。这本书使许多年轻的物理学家开始注意生命科学的问题，促成了 F.H.C. 克里克、J.D. 沃森和 M.H.F 威尔斯三人关于 DNA 双螺旋结构的发现，推动了生物学革命的进展，正是由于这三位年轻人于 1935 年发现了遗传物质 DNA 的双螺旋结构，从而获得 1962 年诺贝尔生理学或医学奖。薛定谔也成了蓬勃发展的分子生物学的先驱。

"薛定谔先后出版了五本专著且发表了不下一百五十篇论文，其内容几乎覆盖了所有理论物理的前沿，而在专业领域以外，他出版了《诗集》，发表过一系列哲学论著，其内容涉及许多哲学上的重大课题，是一位近乎百科全书式的学者，也是一位哲学家。

"1956 年，薛定谔又返回他的故乡维也纳，任维也纳大学终身教授，获得奥地利科学院颁发的第一届薛定谔奖。

"由于他参加了一次在阿尔卑巴赫村举行的高校活动，当地优美的风景让他决定死后就葬在此地。1961 年 1 月 4 日，他因患肺结核病逝于维也纳，死后如愿地被安葬在了阿尔卑巴赫村，他的墓碑上刻着以他名字命名的薛定谔方程。"

登机后不久，H 学生就这次采访做了相关的介绍。他说：

"28 年前，我们在上海采访了爱因斯坦，这是对他的第二次采访。

"上一次采访时，我们听到了爱因斯坦关于相对论的精彩演讲。这一次采访的目的是想了解他对微观世界、量子理论看法及他与以玻尔为首的哥本哈根学派之间观点的分歧。

"这次采访的地点是普林斯顿高等研究院。该院于 1930 年成立于美国新泽西州普林斯顿市，紧靠普林斯顿大学，但不是普林斯顿大学的一部分。1933 年，爱因斯坦宣布与德国决绝，到这里工作，直至 1955 年离世。从此，世界科学的中心西移到美丽的小城普林斯顿。

"普林斯顿高等研究院是世界著名的研究机构，致力于基础理论的研究，在数学领域，特别是在纯数论领域傲视全球，在物理学领域也处于顶尖地位。

"普林斯顿高等研究院初创之时，迫切希望能找到世界一流的学者，爱因斯坦被邀请来此，从而给这个研究院带来了声望和荣誉。后来，普林斯顿高等研究院陆续邀请了诸多世界级的顶尖人才，有维也纳的哥德尔，他证明了著名的"哥德尔定理"；有来自哥廷根大学的著名数学家、物理学家外尔；在外尔的推荐下，刚满 30 岁的数学天才冯·诺伊曼也被聘请，成为研究院最年轻的教授；还有理论物理学家罗伯特·奥本海默和博弈论大师约翰·纳什；等等。

"总之，这个研究院是物理世界中顶级的象牙塔。"

停机后，当我们正向研究院走去时，爱因斯坦也向我们走了过来。

我们近距离地看清了这位已年过古稀的 20 世纪最伟大的物理学家。他留着蓬乱花白的长发，似乎不在意生活的细节；一双睿智的黑色眼睛，似乎看到了自然界深层的奥秘；肥厚的鼻翼、浓

瑞典邮票上的爱因斯坦

密的胡须，似乎带有一种特殊的强大气场。

见到我们，他很高兴，款款地领着我们，边说边走。他谈吐幽默风趣，还不时地发出笑声。跟着他，我们走进了研究院的大楼，又走进了一个小型接待室，采访就这样开始了。

P学生首先发言，他说：

"尊敬的爱因斯坦先生，在20世纪的物理界，你与玻尔等人之间发生了空前的几番论战。这些论战持续时间长、影响远，被物理界关注了几个世纪，我们想了解一下这场论战的焦点是什么，希望你能给我们做些介绍。

爱因斯坦说：

"好的，说起这些论战的焦点，主要是围绕两个方面：一是关于对物质世界的看法，我与玻尔有着本质上的分歧；二是我对于当前量子理论的看法，虽然这个理论取得了许多成就，但我认为仍然是不完善的。

"我先讲第一个方面。

"玻尔等人提出粒子的存在形式有两种，他的这种观点是我不同意的。

"一是出现了一种所谓幽灵般的'潜在'的状态。

"我以电子作为量子世界里成员的代表来进行阐述，对于其他的粒子当然也是适用的。一个电子，它是一种物质存在形式，与宏观世界的一块石子存在的形式不应当有什么本质区别。它只要存在着，就一定会在一个地方待着，无论有没人看到它，它的存在形式应当是独立于我们的行为，与我们去不去看它是毫无关系的。

"玻尔等人却认为，这个电子在没有被一位观察者观测之前，它处于一种潜在状态。它在什么位置？有多大的速度？这些都是毫无意义的问题，只有当我们通过仪器观测到它时，才能根据观测的结果，回答上面的提问，在没有观测之前，我们一无所知，无法回答上面的问题，甚至都可以认为，这个电子并不存在。它的存在完全是对观测而言的，只有具体的观测才有意义。

"我总觉得，无论是宏观的还是微观的物质世界，物质的存在形式应当都是一样的，而且它的存在状态或模样，应当是与我们人类的活动不相关的。如果说因为物质个体大小的不同，存在的形式就会发生质的变化，这没有严格的证明，无法让我信服。

"我对于大自然有一个牢固的信条——大自然就是一个离开知觉主体而独立存在的外在世界，在人类还没有出现之前，这个世界就在那里，在那里独立存在着。它的存在及存在形式是不可能依赖于我们人类的活动的，这也是我们研究物质世界的前提。

"其实，从伽利略开始的近代物理学就是在这样的认知基础上建立起来的，从此，它也就成了物理学的一种世界观。一个电子，无论有没有去观察它，它都以一种形式存在着，这就像天上的月亮，无论有没有人去看它，它总会有一个位置，在天空中的某一个地方待着，而且，这个客体的运动一定还会遵循有前因后果的运动变化规则。

"二是出现了一种怪异的超距作用。

"玻尔等人说，比如，一个电子，描述它的状态是用一个波函数，它描述电子在空间出现的概率。按照这种说法，这个电子既可以在这儿，也可以在那儿，只有当你用一架仪器观察这个电子时，电子若在这台仪器中现身，则在别的地方，即电子可能出现

的无论多远的地方，其出现的概率就瞬间变为零，且这个变化过程没有空间与时间的阻隔。

"我认为，即使认同玻尔他们对电子在空间出现的概率的描述，但也存在问题。电子出现在远处的概率发生变化，一定是要由接收到电子已被观察到的信息才能确定的，而信息的传递总是不能超光速的，这里出现了超光速的因果联系，违背了相对论的基本原则，我是无论如何都不能认同的。

"我可以用一些例子来说明这种看法的荒谬。

"比如，有两个封闭的盒子，只有其中一个盒子里有一个球（也可看作一个电子），在打开盒子观察之前，按玻尔等人的说法，这个球在每个盒子里都有可能出现，每个盒子里球出现的概率是 1/2。当打开盒子观察时，概率突变为 1（这个盒子里有球）和 0（这个盒子里没有球）。但是，真实的情形是，这个球始终只在一个盒子里待着。像玻尔等人所说的，'球在每一个盒子里的概率均是 1/2，显然与真实情况不符，不是对'实在'的正确表述。

"真实世界里的'实在'应当是这样的——对于其中的任一个盒子而言——'球要么在这个盒子里，要么不在这个盒子里'；对于两个盒子而言——有一个没有球，有一个有球，至于球究竟在哪一个盒子里，只有打开盒子后看了才能知道。

"在这两个盒子中，一个盒子里有球，一个盒子里没有球，这两件事是独立的，与另一个盒子打不打开是不相关的，这是一个常识，其正确性是毋庸置疑的。因此，第一个盒子里有球的概率是 1/2，而且打开这个盒子观察会使这种概率突然发生变化，似乎两个盒子之间有一种'幽灵般的相互关联'，这显然有悖常理，是对'实在'的不正确描述。

"我再举一个火药桶爆炸的例子。

"有一个不稳定的炸药包，按以往人们得到的经验，它将会在下一个月的某个不能确定的时刻发生自爆。若按玻尔等人用波函数的描述方式，就认为炸药包是处于一种未爆炸与已爆炸的叠加状态。这种说法显然不是对真实事件的'实在'的恰当描述。其实，这只炸药包要么爆炸，要么不爆炸，用叠加态来描述这只炸药包，与现实的'实在'并不相符，是多此一举的。

"我的好友薛定谔先生，参考了我的这些看法，他提出了薛定谔猫实验。假如有只倒霉的猫被关在一个不透明的盒子里，因为与一个原子在一个小时内有一半的概率发生放射性衰变相关，使这只猫在一个小时内活着的概率是1/2，死亡的概率也是1/2，按照玻尔等人的观点，在一小时内，猫将处于既可以是活的，也可以是死的叠加状态。

叠加态的猫

"常识告诉我们，这只猫要么活着，要么死了，不可能因为一个原子的放射性就处于既死又活的叠加状态。由此可见，波尔等人的世界观是不能成立的。'实在'只有确定与不确定，不存在叠加的中间态，更没有概率的描述。

"下面我再展开讲一下第二个方面。

"1935 年，我与罗森和波多尔斯基发表了一篇论文，论文虽然只有 4 页，但指出了量子理论的不完备。在这篇论文中，我们设想了一个理想实验。在这个实验中，可以精确地同时测得一个粒子的动量和位置值，从而否定量子理论中的不确定原理。

"下面，我用最简单的例子来介绍一下这个实验。假设在一个动量定理能够成立的理想空间中，建立一维的 x 坐标轴。设想坐标原点有一个静止的母粒子，发生了一次神奇的爆炸，炸成了质量一样、分别向东西相反的两个方向沿 x 轴飞离的 A、B 两个粒子。显然，这个过程是满足动量守恒定律的，这是物理世界里谁都知道的一个常识。因此就一定会有这样的结论——它们离开原点的距离一样；向两个方向飞离的速率一样；二者的动量之和为零。

"假设在 x 轴坐标原点的两边，对称地有甲、乙两位观测者，相距 d，他们事先约定好，在某一个恰当的时刻，甲对 A 进行动量测量，乙对 B 进行位置测量，实现同时对两个粒子的动量与位置的精确测量。

"当甲对 A 进行动量测量时，也可能会对 B 产生某种影响，但是，我认为，这个相互影响，不应违反相对论的基本原则，只要甲、乙之间的距离 d 足够大，使得甲对 A 的测量可能产生的影响还未到达乙处时，乙对 B 的测量就已完成，下面来分析一下这个实验。

"假定甲、乙相约同时测量。测量时，如果甲出现了一个很小的时间误差 Δt，只要 $\Delta t < d/c$（c 为光速），对 A 的动量测量发出的任何信息即便以光速传递也不能到达 B 处，怎么也不会干扰乙对 B 位置的精确测量。

"设定了两个粒子之间的距离，通过对 A 的动量测量，就精确地得到了 B 粒子的动量取值，即时测量了 B 的位置，就测得了 B 粒子位置的精确取值，当然也就得到了 A 粒子的动量与位置的取值。这个测量原则上不会受什么限制，随着使用的仪器和测量水准的提高，可以得到 A、B 粒子越来越精确的动量和位置的取值。这就等同于可以同时获得 A、B 粒子的动量和位置精确的取值。这也就否定了量子理论中不能同时精确测得一个粒子的动量和位置的说法。

"这个理想实验分析是无可挑剔的，给出的结论也应是毋庸置疑的，但却明确地否定了海森堡的不确定原理，这个原理是量子理论的重要内容，否定这个原理，就说明量子理论一定是有缺陷的，就不是一个完备的理论。"

爱因斯坦接着说：

"如果要否定以上的分析，那只能是在测量 A 粒子的动量时，即时给 B 粒子一个扰动，使得对于 B 的位置的测量不能准确，这就能使不确定的原理仍然成立，量子理论就是没有毛病的。

"但是，我始终相信这是无论如何也不可能发生的事情，物理世界不是灵异世界，也不是魔术表现，是不可能发生瞬间、隔空相互干扰的，像心灵感应般的神奇事件，使得对 A 的测量一瞬间

不可思议地干扰了相隔很远（可以是几光年甚至更远的距离）的 B。我永远也不能接受这样的事实，我的物理直觉也告诉我，不会存在这种超距的神秘关联。"

爱因斯坦最后动情地说：

"应当看到，量子理论已经取得了很多成功，我无比羡慕年轻一代的物理学家所取得的这些成就。这些物理学家的名字将与量子力学永远地联系在一起，他们深信这个理论反映了深层次的事实。但是，我相信，一个局限于统计规律的理论总将只能是一个暂时的理论。"

"好了，今天我就讲这些吧！感谢你们听完了我的演讲。"

对爱因斯坦的第二次采访就这样结束了。

我们与爱因斯坦一一握手道别，望着眼前的这位老人，我们的心头涌现了许多感慨——他的内心至今还无法理解、接受这个新理论；他始终也想不通自己究竟错在哪里；他像是一位刚强的老战士，坚守在渐渐陷落的阵地上，在做最后的悲壮抗争……

登机后，W 教授开始他的讲话，他说：

"爱因斯坦总认为他的这些看法是自然科学的共同基础，也是他取得成功的首要根据，是不能动摇的原则。他也没有看到一个严格的证明来否定他的这些看法。因此他不能放弃这些观点。他坚信在这个世界里，描述粒子运动的变量是相互独立的，粒子都沿着自己的轨道运动，有坚实的因果秩序，不会有超光速传递的信号，等等。

"他的这种坚守，与其说是一种固执，不如说是一种诚实。他是一位既有严肃的科学态度而又非常较真的人。也许正是这种精

神的'硬度'与'强度'使他获得了巨大的成功，成为物理世界的巨人；也许正是这种精神坚守，使他对量子理论提出了深刻而持续的批评，从量子理论的发展来看，这种批评反而推动和促进了理论的发展。"

W 教授又说：

"爱因斯坦在他生命最后差不多 40 年的时间里，一直致力于他的'统一场理论'的研究。这个理论的核心思想就是物理理论的几何化。他的引力场理论的几何化已经获得了很大的成功，他还试图把引力场与电磁场在同一个几何框架下统一起来，但随着时间的流逝，这一想法的实现变得越来越渺茫。大自然是

复杂多样的，也许不能用同一种数学语言来描述它在不同领域所呈现的规律。"

W 教授最后说：

"1955 年 4 月 18 日，在普林斯顿医院，爱因斯坦在睡眠中与世长辞，享年 76 岁。普朗克把爱因斯坦誉为 20 世纪的哥白尼。法国物理学家朗之万评论说——在我们这一时代的物理学家中，爱因斯坦将位于前列。他现在是，将来也还是宇宙中光辉的一颗巨星。

"爱因斯坦生前立下遗嘱，不发讣告，不举行葬礼，不建坟墓，不立纪念碑，把骨灰撒在不为人知的地方。当他的遗体火化时，除了最亲近的几个随行者，其他人都不知道。"

采访对象：尼尔斯·玻尔
采访时间：1950 年
采访地点：哥本哈根理论物理研究所

登机后不久，H 学生介绍了今天要采访的主题。他说：

"27 年前，我们因原子的问题访问了玻尔，这是对他的第二次访问。

"20 世纪 20 年代初，在哥本哈根形成了一个对现代物理极具影响力的学派，叫哥本哈根学派，学派的领袖就是玻尔。这个学派的发源地是玻尔创立的哥本哈根理论物理研究所。这个研究所成立于 1921 年 3 月，玻尔是这个研究所的领导，主要成员有海森堡、狄拉克、泡利等著名物理学家。哥本哈根理论物理研究所的自由精神与学术氛围在欧洲几乎是无与伦比的，自该研究所成立起，很快就成了世界著名的理论物理研究中心。

"玻尔是一位卓越的科研工作的组织者和领导者。他对科学工作态度严谨，勤奋好学，不摆架子，平易近人；他性格开朗，待人诚挚，这位和蔼的丹麦人对每个人都投以微笑，引导人们畅所欲言，探讨各种类型的问题。

"哥本哈根理论物理研究所在玻尔领导的四十多年里，成了物理学家们朝拜的圣地。一些世界上著名的物理学家都到这里学习和工作。研究所培养的国外物理学工作者有六百多人，到 20 世纪末就有 7 位诺贝尔奖获得者。玻尔对量子理论的阐述，以及在科

学界的公众形象，使他在全世界获得了极高的声望。

F 机向过去飞行了约 2 小时，目的地就到了。出舱不久，我们就看到了玻尔先生。他微笑着向我们走来。我们又见到了这位 20 世纪最伟大的物理学家之一。

他衣着整洁，仪表庄重，神情诚挚而亲切，相比二十多年前，更显成熟和睿智，岁月的砥砺已把他塑造成一位名副其实的那个时代物理界的领袖。

我们随他来到他的所长办公室，进了一间我们 27 年前采访过的那个敞亮整洁的会客室。岁月流逝，而这个房间似乎一点儿都没有变。真没有想到，在我们漫漫长途的采访中，居然还有了一个旧地重访。大家坐下后，采访就开始了。

P 学生先开言，说道：

"尊敬的玻尔先生，上次采访时就约定好还要再采访你一次，今天总算是如愿了。这次采访的目的主要是想了解以下三个问题：我们很想听你讲一下，哥本哈根解释的依据是什么？还想了解一下你对 EPR 论文是如何看的？最后，还想顺便听一听你是如何评价爱因斯坦的？"

玻尔答道：

"好的，下面我就按你们提问的顺序，逐一解答。

"说到我们提出哥本哈根解释的依据，主要有以下两个方面。

"第一，我们是从仪器中看到这个微观世界的成员的。

"1897 年，J.J.汤姆逊从阴极射线管中'看到'了这个世界一位重要的成员——电子；1900 年，普朗克从黑体的辐射中，看到了这个世界有量子化的特征；1909 年，卢瑟福用 α 粒子去轰击金箔，看到了这个世界里重量级的成员——原子。总之，我们要研究的这个世界，是人们从仪器中看到的，这就是我们看到的'实在'，也是我们提出哥本哈根量子力学解释（简称哥释）的前提。

"由此得到了哥释的两个重要看法——①在没有观测到客体时，我们不知道客体在哪里，它在干什么；②如果物理学的任务是要弄清大自然是怎么回事，那就错了，我们关心的是关于自然，我们从仪器中看到了什么，从而我们能说些什么。

"我们还应当清楚地看到这样一个事实——我们每次观测时，就是宏观仪器与一个微小的客体发生了一次相互作用，这一过程的能量变化是量子化的，具有我们无法预料的不可控、不确定的因素，这些都已融入我们观测到的现象中，而成为无法分离的一部分。

"由于客体的位置、动量、能量等物理量的变化不连续，不可控等因素，若再沿用经典物理学的描述方式，认为有确定的动量和位置、有确定的轨道、遵循因果决定论等，显然是不妥当的。

"由此看来，量子理论描述的只能是客体在仪器中显示给我们的状态，而且这个描述也包含了人、仪器与自然界相互作用的不确定，隐含着人与自然的纠缠。因此，事实上并不存在一个我们能清楚地了解的量子世界，只存在一个量子物理学的抽象描述。海森堡干脆这样说'自然科学不是自然界本身，而是人与自然关系的一部分，因而就会依赖于人。'

"第二，就是关于客体存在形式的概率描述。

"M. 玻恩（Max Born，1882—1970 年，德国物理学家，1954 年诺贝尔物理学奖获得者）提出了对一个量子客体在空间出现的概率描述，就目前来看，这个描述是合适的。因此，玻恩的这个假说，也就纳入哥本哈根解释中，作为我们提出'哥释'的一个依据。

"这个假说是说，一个客体（比如电子）的状态是用波函数 φ 来描述的，它在空间出现的方式是用概率来描述的，在某处出现的概率大小，是用波函数的模方来描述的。比如，一个电子，在被观测之前，并不存在于任何一个确定的地方，它在空间处处都有出现的可能，这一看法很难让人理解。这与我们日常经验相悖、是匪夷所思的一种存在形式。它是亚里士多德哲学中古老的'潜在'概念的一个量化版本，是处于观念与真实、可能与现实之间的一种奇怪的量子世界的'实在'，这在之前的物理学中是从未出现过的一种存在形式。

"为了便于理解，我打一个比方，来说一下这种存在形式。一个小孩，在房间里玩一个乒乓球，玩着、玩着，球不知滚到哪里去了，他到处找，找不着，于是，他钻到桌子底下、床底下去找，也没有找到，但是他确信，这个乒乓球一定是在这个房间里，是在房间的某个旮旯里待着，只是没有被发现而已。

"但如果这是一个电子，按照玻恩提出的概率描述，假如它没有可能跑到房间外面，则它在这个房间里的各个角落都有出现的可能，只是有的地方出现的可能性大，有的地方出现的可能性小，这就是说，它可以在同一个时刻，既可以在这儿，也可以在那儿，处处都有出现的可能，而不是在一个地方待着，这只能是一种虚幻的存在状态。当一个观测者用一个仪器观察到这个电子，此电子在仪器中现身时，它在其他地方出现的可能性才瞬间变为零。

"总之，电子与那只乒乓球的存在形式是完全不一样的，人们如果按原有的经验来理解这样的存在形式，就会感到困惑，难以接受。也许就是这样一种我们所描述的存在形式，爱因斯坦提出了'上帝不会掷骰子'、薛定谔提出了'既死又活的猫'的质疑。

"概率解释虽然与我们的经验相悖，但它与我们观察到的量子世界的情况并不相悖，而且还顺利地解释了某些棘手的问题。比如，双缝实验，这是物理世界中一个非常不好理解的实验。当从电子枪中射出一个个电子时，屏幕上会出现一个个亮点，而在通过双缝的旅程中，居然像水波那样，在屏幕上出现了干涉图样，这确实让人不可思议。

"然而，若用概率解释，就可以认为一个电子在进入双缝之前，既有进入左缝的可能，也有进入右缝的可能，即可以同时进入双缝，在屏上发生干涉，出现干涉条纹。用电子空间的概率分布，顺利地解释了双缝实验，这也可作为概率解释能够成立的一个佐证。

"由此可见，并不是我们非要提出这个怪异的解释，而是我们从仪器中看到的这个小世界，用概率解释才能说得通，才能与观测相符。其实，我们原先也与爱因斯坦一样，有着对物质世界同样的看法，但是量子世界发生的事情，将迫使我们提出这样一种看法。这与其说是我们的一种选择，还不如说是大自然迫使下的一种无奈。"

玻尔稍微停顿了一下，接着，又开始了他的演讲：

"好了，下面我来回答第二个问题，就是关于对'EPR'论文的回答。

"EPR 论文是 1935 年 3 月发表的，同年 7 月，我也在这份杂志上，以同样的标题写了文章，做了回复。我的文章是这样写的，当 A、B 两个粒子分离后，它们仍然是一个整体，当甲对 A 进行测量时，就会对 B 产生即时的影响与干扰，B 瞬间就会出现一个新的状态，当乙对 B 进行测量时，就是受干扰时测量得到的值了。因此，量子理论中的不确定原理是不会被否定的。

"根据这样的看法，就应当有这样的一个推论——当母粒子爆炸，产生 A、B 两个粒子的一刹那，它们之间会有一种关联，对其中一个粒子进行测量的时候，就会即时地影响到另一个粒子，无论它们之间相距多远，总像是纠缠在一起那样。这应当是量子世界具有的一个基本特征。我想将来一定会有人用实验来证明这个结论。

"下面，我再来说一下，我们对爱因斯坦的评价。

"我们研究所里的人都公认爱因斯坦是量子理论的奠基人之一。他最早运用量子概念，顺利地解决了光电效应问题；他大胆地支持德布罗意波粒二象性的看法，为薛定谔波动方程的建立提供了支持；他与海森堡在 1926 年的一次谈话中，指出了理论也可能决定我们能观测到什么，对海森堡提出不确定原理给予了启示；玻恩自己说，他提出的波函数的统计解释，也是受到了爱因斯坦的光波的振幅可解释为光子的概率密度启发，等等。

"总之，在 20 世纪物理学的发展中，到处都可以看到爱因斯坦的作用与影响。

"在物理学发展的每个新的阶段，爱因斯坦都做出了贡献；在量子理论向前迈步的过程中，爱因斯坦都能找出矛盾，提出了批评，这些都成了推动量子理论前行的动力。"

玻尔接着说：

"爱因斯坦比我大 6 岁，1920 年 4 月，我到柏林做一次学术讲座，他在那里任教，这是我们第一次见面，我还在他家住过一段时间。我们一起讨论，相互切磋，很是谈得来。以后的岁月，我们的友谊日趋亲近和成熟，超越了一般学术上的交往。至于学术上出现的问题，我始终期待能先听到他的声音。虽然对于量子世界的看法，我俩有着根本性的分歧，以致我们之间的辩论一直延续，但我对他始终怀有一种爱慕和崇敬。"

听完玻尔的精彩演讲，我们的采访也就结束了。

玻尔很有礼貌地与我们一一握手道别。

回到 F 机上后，W 教授开始了他的发言，他说：

"玻尔等人的这种'实在观',从物理学的发展来看,也许标志着人们对物质世界认识的一种进步。从伽利略、牛顿到量子理论出现前的三个世纪里,科学家们都相信,自然现象和它呈现的规律,与观察者所在的环境与使用的仪器是不相关的,是一种独立存在的'实在'。然而,在量子理论中,观测者选择什么样的仪器和采用什么样的观测方式,对被观测客体的形象和属性变得至关重要。

"关于波函数的概率描述,是一种描述的方式,并不是 L.V. 德布罗意提出的与粒子相随的相波,也不是薛定谔提出的物质波,这些波的提出,都是试图对客体形象作真实化描述,而玻恩提出的概率描述,被玻尔等人采纳且作为哥本哈根的解释,只能作为人们在仪器中观察客体状态提出的一种恰当的描述方式,以便于解释诸如双缝干涉这样的现象,并不一定就是对小尺度世界中居民存在状态的真实描述。"

W 教授又说:

"1935 年发生的关于 EPR 争论,直到他们两位离世,也没有一个实验能够做出裁决。EPR 论文发表约 30 年后,才有人翻开了这段尘封的历史。他是一位红头发的爱尔兰物理学家 J.B. 贝尔(John Stewart Bell,1928—1990 年),1964 年,贝尔发表了一篇论文,提出了一个数学不等式。如果实验的结果否定这个不等式,就说明玻尔的看法是正确的;如果不能否定,则爱因斯坦的看法就是正确的。

"论文发表了 5 年,才被美国物理学家 J.F. 克劳泽等人经数年努力,否定了贝尔不等式,但许多人对他的实验结论持保留态度。

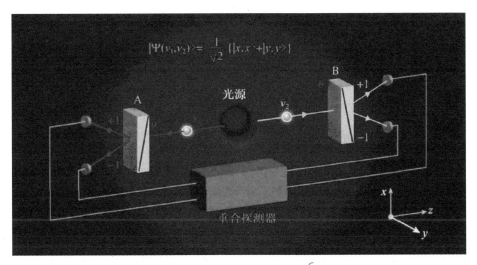

$$|\Psi(v_1,v_2)\rangle = \frac{1}{\sqrt{2}}\{|x,x\rangle+|y,y\rangle\}$$

用于贝尔测试的一个装置

到了 1974 年，法国物理学家 A. 阿斯佩又开始了这项实验。他用了
7~8 年的时间，经过反复的、异常精确的实验，证实了 A、B 两粒
子之间的确实存在着神秘的关联——'纠缠'，这个结果让人信服
地裁定了 EPR 争论结果：玻尔的观点'胜出'；爱因斯坦的看法
因不符合实验的结果而'出局'。

"这也成了 20 世纪物理世界中无比精彩的一段史实。

"2022 年诺贝尔物理学奖颁发给了阿斯佩、克劳泽和 A. 蔡林
格，表彰他们所做的实验，证明了贝尔不等式在量子世界不能成
立，证实了神秘的量子纠缠现象是存在的，开创了量子信息科学。"

W 教授继续说：

"如何来评价玻尔与爱因斯坦之间的论战，美国著名物理学家
惠勒有一段颇为中肯的评价，他在 1981 年 10 月访华演讲时这样
说——近几百年，很难再找到其他先例能与这场论战相比较，它

发生在如此伟大的两个人物之间，经历了如此持久的时间，涉及如此深奥的问题，而且又是在如此真挚的友谊之中。

W教授接着说：

"量子理论发展到今天，大量的实验验证了它的正确性。人们可能会认为理论已经成熟，我们已经掌握了真理，这种看法是有待商榷的。历史的经验告诉我们，这可能是人类文明发展的一级阶梯，现在看到的真理，也只能是发展中的一个阶段性成果。任何一个时代的人们，由于时空的局限性，只能拥有一定限量的知识储备。只能获得有限的相关信息，建立的理论也必然带有时代局限的烙印。

"我非常同意狄拉克所说的一段话。1975年8月25日，他在澳大利亚做了题为'量子力学发展'的演讲时说——我认为也许结果最终为证明爱因斯坦是正确的，因为不应该认为量子力学的目前形式是最后的形式。关于现在的量子力学……它是到现在为止人们能够给出的最好的理论，然而，不应当认为它能永远地存在下去。"

W教授最后说：

"玻尔是20世纪最重要的物理学家之一。由于他在原子结构和原子辐射方面所做出的贡献，获得了1922年诺贝尔物理学奖。爱因斯坦曾赞扬玻尔在物理学方面有精细入微的直觉能力和非凡的内在观察力。

"玻尔是一位意志坚定、目标专一的科学家。普朗克提出了量子概念之后，他对这个看法表示动摇，怀疑它的可靠性，并总是想着如何用经典理论去检验这个概念是否站得住脚。爱因斯坦用量子概念解决了光电效应问题后，就去搞他的相对论了，而玻尔却始终是量子革命风暴中的风云人物，成为这场革命的主力军——哥本哈根学派的领袖，而且指挥了这场战斗，直到取得决定性的胜利。

"在量子理论的创建工作中，玻尔是一位举足轻重的关键性人物。他的原子理论为量子理论的发展做了开创性的工作，虽然量子理论的数学表述主要是由海森堡、玻恩和薛定谔等人完成的，但是玻尔却从认识论和方法论的哲学层面为量子理论的诠释奠定了基础，提出了量子力学的哥本哈根解释。

"他是 20 世纪能与爱因斯坦并列的大科学家。1937 年夏季，玻尔到我国访问，走访了上海、杭州、南京、北平等城市，对中国人民极为友好。1947 年，丹麦政府决定授予他级别最高的勋章，要求受勋者提供一个族徽，他选择了中国古代的太极图，用来表示他提出的互补思想。下面是玻尔家族的族徽图。"

玻尔"骑象勋爵"绶（shòu）带徽章饰以阴阳太极图

"1962 年 11 月 18 日，玻尔因心脏病突发在丹麦的卡尔斯堡寓所逝世，享年 77 岁。人们发现，他在去世前一天，还在工作室的黑板上用粉笔画了一张草图，那是 1930 年与爱因斯坦论战时关于光盒实验的那张草图。如此看来，他的生命结束之前，仍然没有放下爱因斯坦提出的问题，仿佛是他在离开这个世界之前最值得再去思考的一件要事。

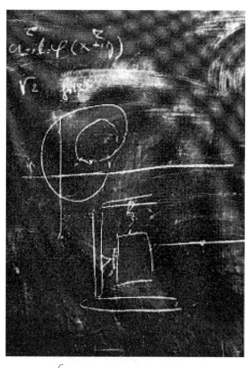

玻尔的光盒实验草图

"1964 年，玻尔去世二周年，哥本哈根大学理论物理研究所被命名为尼尔斯·玻尔研究所。1997 年国际理论与应用化学联合会正式通过将第 107 号元素命名为𬭳（bohrium），以此纪念玻尔。"